青少年生命意识手册

王钟健　主编

U0893957

成都地图出版社
CHENGDU CARTOGRAPHIC PUBLISHING HOUSE

图书在版编目(CIP)数据

青少年生命意识手册 / 王钟健主编. —成都：成都地图出版社，2014.1
ISBN 978-7-80704-739-1

Ⅰ.①青… Ⅱ.①王… Ⅲ.①安全教育－青年读物②安全教育－少年读物 Ⅳ.①X925-49

中国版本图书馆 CIP 数据核字(2013)第 104612 号

青少年生命意识手册

主　　编：王钟健
责任编辑：姚　虹
封面设计：王　骞

出版发行：成都地图出版社
地　　址：成都市龙泉驿区建设路 2 号
邮政编码：610100
电　　话：028-84884921，84884916(营销部)
传　　真：028-84884649，84884820

印　　刷：北京一鑫印务责任有限公司
(如发现印装质量问题，影响阅读，请与印刷厂商联系调换)

开　　本：700mm × 1000mm　1/16
印　　张：11　　**字　　数**：157 千字
版　　次：2014 年 1 月第 1 版　　**印　　次**：2020 年11月第 5 次印刷
书　　号：ISBN　978-7-80704-739-1

定　　价：24.00 元

版权所有，翻印必究

目 录

你热爱生命吗？那么别浪费时间，因为时间是组成生命的材料。

——富兰克林

生命的用途并不在长短而在我们怎样利用它。许多人活的日子并不多，却活了很长久。

——蒙田

自由人最少想到死，所以他的智慧不是关于死的默念而是关于生的沉思。

——斯宾诺莎

第一章
生命与生命意识教育

第一章　生命与生命意识教育

生命，那是自然付给人类去雕琢的宝石。

——诺贝尔

人最宝贵的是生命。在构建和谐社会的实践中，党和政府始终坚持以人为本，关注人的生活质量、发展潜能和幸福指数，关注人的价值、权益和自由，体现出了敬畏生命、尊重生命、造福人民的人文情怀。尤其是在自然灾害发生时，从中央到地方，都将生命至上的理念贯穿于每一次救援行动和每一个救援细节中，不抛弃，不放弃，努力抢救生命，创造了感天动地的人间奇迹，也成就了一次次最具震撼力的珍爱生命的现实教育。

人物链接：诺贝尔

阿尔弗雷德·伯纳德·诺贝尔(1833—1896)，瑞典化学家、工程师、发明家、军工装备制造商和炸药的发明者。诺贝尔拥有博福斯公司。此公司拥有350年历史，之前主要生产钢铁。诺贝尔拥有博福斯后，该公司主要生产军工产品。在第二次世界大战中该公司多项产品曾授权多国生产，并受军队广泛好评。诺贝尔一生拥有350项专利发明，其中炸药是最为出名的一项。

诺贝尔于1895年立下遗嘱，将其财产的大部分(920万美元)作为基金，以其年息(每年20万美元)设立物理、化学、生理或医学、文学以及和平事业5种奖金(1969年瑞典国家银行增设经济学奖金)，奖励当年在上述领域内作出最大贡献的学者。从1901年开始，奖金在每年诺贝尔逝世日，即12月10日下午四点半颁发。

人生是短暂的，生命是脆弱的。现实生活中的每一个要成为物质和精神同样丰富的人，最基本的是要“珍爱生命、学会生存、幸福生活”。只有“珍爱生命”，才会体会人生的不易，珍惜现实给予你的一切；才会给人以尊重，予人以信任。只有“学会生存”，战胜坎坷，主宰自己，勇于超越，才能让生命更有尊严。只有懂得“幸福生活”，才能豁达包容，才会创造新生活，去延伸扩展生命的价值和意义。因此，对公民积极推进生命意识教育，就是让社会中每一个人都能具有珍爱生命的智慧和信念，注重实现生命价值，提高生命的质量，实现自我发展。

苏格拉底说：“当我们追求一个遥远的目标时，切莫忘记，旅途处处有美景！”我们每一个人都应该树立正确的人生观，懂得生命的真实过程，尊重生命的价值，通过创造和奉献，促进生命的发展，提升生命意义，共同建设与品尝美好幸福的新生活！

人物链接：苏格拉底

苏格拉底（公元前469—公元前399），古希腊著名的思想家、哲学家、教育家，他和他的学生柏拉图，以及柏拉图的学生亚里士多德并称为“古希腊三贤”，更被后人广泛认为是西方哲学的奠基者。身为雅典的公民，据记载，苏格拉底最后被雅典法庭以引进新的神和腐蚀雅典青年思想之罪名判处死刑。尽管他曾获得逃亡的机会，但苏格拉底仍选择饮下毒堇汁而死。因为他认为逃亡只会进一步破坏雅典法律的权威，同时也是因为他担心逃亡后雅典将再没有好的导师可以教育人们了。

一、生命及其含义

（一）生命的概念

生命泛指有机物和水构成的一个或多个细胞组成的一类具有稳定的物质和能量代谢现象（能够稳定地从外界获取物质和能量，并将体内产生的废物和多余的热量排放到外界），能回应刺激，能进行自我复制（繁殖）的半开放物质系统。

生命个体通常都要经历出生、成长和死亡。生命种群则在一代代个体的

生命个体通常都要经历出生、成长和死亡

更替中经过自然选择发生进化以适应环境。

(二)分子生物学定义

生命是由核酸和蛋白质等物质组成的分子体系，它具有不断繁殖后代以及对外界产生反应的能力。

现代生物学给出的生命的一般的科学定义大致上是这样的：生命是生物体所表现的自身繁殖、生长发育、新陈代谢、遗传变异以及对刺激产生反应等的复合现象。在这里，其中任何单一的现象都不是生物所特有的。火焰也能进行新陈代谢和繁殖，但正常的人不会认为它是生命。

许多植物的种子能保存相当长的时间并不出现生命特征，如古莲子、缓步类动物等可能会在一个相当长的时间内不进行新陈代谢，但当条件适当时其就会出现生机。

(三)人的生命

人的生命是属于一定社会环境关系中具有自我意识的生物实体。人的生命是生物属性与社会属性高度的统一体，而人的社会性是区别于其他动物生命的最本质特征，在人的生存中应强调生命的物质价值、精神价值和人性价值的统一。

(四)生命的哲学定义

1.生的定义。物的繁衍就是生。

生是物繁衍物的行为。物在力的作用下存在着物的质与量的变化，物变化出物的本身的行为就是生的存在，人们称之为物的繁衍。只要是存在物存在着繁衍的行为，都是生的行为，有了生的行为，就会有产的存在，存在着的生与产都是命的内容。

2.命的定义。生的历程是为命。

命是变的形象。命依附于生，是行为着的生的历程的表达，其实质就是生的历程里所有的变，在生的历程里的所有的变组成了命的本身。

物没有永恒不变的，世间没有不变的物，任何实实在在的物无论是因内部原因还是外部条件，其本身都在不断地变化着。在时间和空间的概念里，一切变化着的物都具备了命的特征，万物皆有命。命通过变化着的物来体现,变化着的物通过命来进行描述。

万物有变化,万物皆有命,人也有命,个人的命就是个人一生的变化,一个人的一生的变化发展就是命的本身,命的本身是环境的赋予和人本身对环境赋予的反应,是人生的生命历程。每个人的生命历程就是在变的状态下而存在的,存在的人的变化,一些是人可掌握预知的,一些是无法预知掌握的,无论是可掌握预知的还是无法预知掌握的,当人要追究命为何物之时都会发现命的一切就是生的历程里变的形象。

3.生命的定义。物繁衍的变化现象是为生命。

生命只是现象,这种现象通过具体的物来呈现。在物变化的历程里,存在的物存在着繁衍自身的变化行为,这种物的繁衍的行为现象就是生命的本身。所有存在着繁衍自身的变化现象的物都具备了生命的能力,在变化中具备了生命的能力的物都是生物,所有的生物都能够通过自身的变化来繁衍自身或适应繁衍出自身的条件,所有能够繁衍自身的具体物都有生命。

万物的变化,形成了万变的环境。处于万变环境中的存在物,在环境里具备了一定条件后,就会有在变化中繁衍自身的现象。当这种现象出现在环境里时,就是生命出现之时。万变的环境能出现生命的现象时就是生命环境,生命环境里生命出现的各个具体的因素是生命条件,构成生命条件的一切就是生命环境的存在,生命本身对生命条件的存在称之为自然环境。人们把物在生的历程里本身具备的现象特征称为生命现象。生物本身的变化能力的表现就是生物的生命力,生命力的表现就是生存能力的具备,生存能力就是物本身变化繁衍的能力。

能力有大小,生命有长短,这些都是由物本身具备的条件和存在的环境

卵细胞只要受精，受精卵就是活生生的生命体，具备了繁衍本身或繁衍本身条件的能力。

共同决定的。宇宙变化的环境成就了生命，生命的出现形成了自然的环境。在自然环境里，一切变化着的物都是生命本身存在的条件，生命存在的一切条件就是生命的环境，生命的环境里的一切本原表现就是自然。

一颗发育成熟的卵细胞，是在条件里变化着的，但这个变化的存在只是繁衍自身的条件，而不是繁衍自身的行为，并且也繁衍不出繁衍自身的条件，卵细胞的这个变化并不能繁衍出卵细胞。只有命的特征，即便它具备分裂细胞的能力，但那也只是本身的变化，而不是在本身变化中繁衍本身，分裂细胞的行为，也只是卵细胞质的变化，这只是生的行为。所以，卵细胞有生也有命却没有生命。卵细胞只要受精，受精卵就是活生生的生命体，具备了繁衍本身或繁衍本身条件的能力。

生命只是存在的现象，这种现象受制于环境，生物的环境适应力就是生物的生存能力，生存能力的表现就是生物的生命力。生命力因环境的产生而存在。

（五）恩格斯关于生命的定义

恩格斯在《反杜林论》中给生命下了一个定义：生命是蛋白体的存在形式，这个存在形式的基本因素在于和它周围外部自然界不断地新陈代谢，而且这种新陈代谢一旦停止，生命就随之停止，结果便是蛋白质的分解。

人物链接：恩格斯

弗里德里希·冯·恩格斯（1820—1895），德国思想家、哲学家、革命家，全世界无产阶级和劳动人民的伟大导师，马克思主义的创始人之一。恩格斯是卡尔·马克思的挚友，被誉为“第二提琴手”，他为马克思从事学术研究提供了大量经济上的支持。在马克思逝世后，他将马克思的大量手稿、遗著整理出版，并且成为国际工人运动众望所归的领袖。

恩格斯的生命定义是和他关于物质的运动形式的思想是统一的。恩格斯认为自然界存在五种运动形式，即机械运动、物理运动、化学运动、生命运动和社会运动。这五种运动形式从历史的角度看，反映了自然界演化发展的顺序，每一种后面的运动形式都是由前面的运动形式演化来的。不同的运动形式有不同的物质承担者，有不同的运动规律，高级的运动形式包含低级的运动形式。

生命运动是一种高级的运动，它是由化学运动发展而来的，它的物质承担者及其运动规律都不同于化学运动，但生命运动包含化学运动。恩格斯当时非常强调自然界的连续性。如果把生命定义为细胞结构之上的活动，就难以解释生命的起源问题。恩格斯特别重视从无机界到有机界的辩证发展过程，所以恩格斯选择了蛋白体作为生命活动的物质。

（六）古代生命观

古希腊的哲学家倾向于把一切尚不了解的产生运动的原因称之为“力”。以后的学者们就借用了这个“力”的概念，研究了各种运动，如物理学中的“引力”、“电磁力”，化学中的“亲和力”等。他们的研究取得了很多成果，但至今还没有弄清楚古希腊哲学家很早就提出的所谓“活力”或“生命力”是什么。

古人有把生命的形成比作结冰的过程，也有把生命比作火的。

中国古代的哲学家倾向于把尚不了解的产生运动的原因归之为“气”。生命被看做是“气”的活动。例如，“人之生也，气之聚也，聚则为生，散则为死……故曰通天下一气耳”。“气”也是不明确的概念，不同的学者有很不同的解释。如：“人之生，其犹冰也，水凝而为冰，气积而为人。”这里把生命的形成比作结冰的过程。也有把生命比作火的，如：“人含气而生，精尽而死，死犹斯，灭也。譬如光焉，薪尽而火灭，则无光矣。故灭火之余，无遗炎矣；人死之后，无遗魂矣。”这种观点则强调生命是一个无知的代谢过程。

正因如此，所以中国古代哲学家把生命看作一个物质运动过程，常把生与死连起来讨论，这也是中国哲学家的思想特点，例如“有血脉之类，无有不生，无生不死，以其生，故知其死也”，把生命看作与死亡对立的。

（七）现代生命观

根据生命形态的表现特征所归纳的生命定义在现代科学中出现后，人们就对自然现象分门别类地研究。各门科学从不同的角度来研究生命，因此看法也不尽相同。20 世纪 50 年代以前，人们从所有生命形态的共同表面特征归纳出一个“生命”的定义，认为：生命是一个具有与环境进行物质和能量交换（即新陈代谢）、生长繁殖、遗传变异和对刺激作出反应的特性物质系统。这种类型的定义，描述了生命活动的一般特征，具有一定的认识价值。但是随着科学的发展，人们愈来愈觉得这种定义有很大的局限性。因为所有的这些特征都可以有一些例外。

二、生命意识教育概况

什么是生命意识教育？生命意识教育是在生命活动中进行教育，是通过生命活动进行教育，是为了生命意识而进行教育。生命意识教育是以生命为核心，以教育手段，倡导认识生命、珍惜生命、尊重生命、爱护生命、享受生命、超越生命的一种提升生命质量、获得生命价值的教育活动。让青少年认识生命和珍惜生命成为这一活动的重中之重。

生命意识教育既是一切教育的前提，同时还是教育的最高追求。因此，生命意识教育应该成为指向人的终极关怀的重要教育理念，是在充分考察人的生命本质基础上提出来的，符合人性要求，它是一种全面关照生命多层次的人本教育。“生命意识教育不仅只是教会青少年珍爱生命，更要启发青少年完整理解生命的意义，积极创造生命的价值；生命意识教育不仅只是告诉青少年关注自身生命，更要帮助青少年关注、尊重、热爱他人的生命；生命意识教育不仅只是惠泽人类的教育，还应该让青少年明白让具有生命的其他物种和谐地同在一片蓝天下；生命意识教育不仅只是关心今日生命之享用，还应该关怀明日生命之发展。”

（一）他山之石：各国与地区生命教育的实践

生命教育从20世纪60年代从西方国家起步，到20世纪80年代逐渐推广，至20世纪90年代在中国台湾大规模、有系统地开展，进入21世纪，则已成为遍及全球的教学门类，其重要性是不言而喻的。相信在不久的将来，中国各省、市、自治区都会推广生命教育，让社会公众，尤其是孩子们从小就知晓生命的可贵，懂得如何去创造人生的价值、生活的意义，从而获得身心的健康、事业的成功、生活的幸福。

1964年，日本学者谷口雅春出版了《生命的真相》一书，首先呼吁生命教育的重要性。

1968年,美国知名作家、演说家、作曲家、摄影家杰·唐纳·华特士在加州北部内华达山脚下的丘陵地带,正式创建了“阿南达村”学校,以实践其生命教育的思想。在这个有800多名成员的崭新小区内,人们的生活就是学习,生命则是一种体验,人人都致力于探索蕴涵在生命教育中的原则,并遵循这些原则来生活。“在这里,孩子们所学习的是如何生活在这个世界上,而不只是如何找到一份工作、一种职业;他们必须懂得如何明智、快乐而且成功地生活,而不违背自己内在深层的需求;当然,更不会执著于金钱和权力。”数十年以来,这种生命教育的理念受到了全球性的关注。

1979年,澳大利亚悉尼成立了“生命教育中心”,这应该是西方国家最早使用“生命教育”概念的机构。现在这个机构已成为一个正式的国际性机构,是联合国“非政府组织”(NGO)中的一员。如今,在美国、新西兰、德国、英国、澳大利亚、日本等发达国家和中国的台湾、香港、澳门都相继开展了生命教育的活动,其中特别值得关注的是中国台湾的生命

数十年以来,这种生命意识教育的理念受到了全球性的关注。

教育。1997 年，时任台湾省教育厅厅长的陈英豪首先提出“生命教育”的概念与愿景。同年，台湾教育部门委托实施伦理教育多年有成的台中市晓明女中设计生命教育课程，并推动办理研习、训练师资等，并于 1998 年度在全台湾地区各“国中”（相当于大陆的初中）实施，高中则于第二学期实施。这一年台湾教育部门还制订了“台湾省国民中学推展生命教育实施计划”。2000 年，台湾教育部门成立“生命教育推动委员会”，2000 年 7 月，又公布了“教育部推动生命教育中程计划”，并组织“生命教育委员会”，由台湾各级学校推动生命教育，并把 2001 年定为“生命教育年”。2004 年，台湾教育部门颁布了普通高中生命教育类选修课程纲要。2006 年，生命教育被列入高中选修课程。

（二）从“三生教育”看生命意识教育的本质

自 1968 年美国学者杰·唐纳·华特士明确提出生命教育的理念并推行以来，至今已有 40 多年的历史，而第一个生命教育的正式机构则出现在 1979 年的澳大利亚，到现在也已有 30 多年的历史；中国台湾纳入全民教育系统的生命教育是从 1997 年开始，也有了十几年的历史。在中国大陆，由省市教育行政主管部门牵头开展的生命教育 2004 年从上海、2005 年从辽宁、2006 年从湖南开始，到现在也已有近十年的历史了。而云南省在 2008 年 2 月正式提出“三生（生命、生存、生活）教育”的理念，并于 8 月开始实施，虽然至今仅有五年多的时间，但对我们正确地认识和把握生命教育的本质有着极其重要的意义与价值。为什么这样说呢？我们必须从世界各国及地区生命教育兴起的历史背景中去寻找和理解答案。

一般而言，20 世纪 60 年代开始的生命教育，在西方兴起的主要社会背景是:毒品泛滥成灾、暴力现象频繁、性关系紊乱。所以此时兴起的生命教育是一种防止“药物滥用、暴力与艾滋病”的特殊社会性教育活动。

据《中国教育报》的文章披露:“全国每年约有1.6万名中小学生非正常死亡,平均每天约有40名学生死于溺水、食物中毒、交通等事故,这其中约有80%的非正常死亡本可以通过各种预防措施和应急处理避免……”

2008年5月12日发生的四川汶川特大地震中有多达5332名学生罹难。

而在2008年5月12日发生的四川汶川特大地震中有多达5332名学生罹难。如花一般的生命,在还没有完全开放之际,便已然凋谢,举国痛心疾首。在这样一个大的背景下,尤其是在各级各类学校严格的“学生安全行政问责制”的规定下,中国大陆兴起的生命教育一开始便偏向于“学生自然生命安全保护的教育”就是必然的,也是可以理解的了。

人首先要生存,所以要有生存知识的教育,要让受教育者掌握生存技能,保护生存环境,强化生存意志,要掌握生存规律,提高自我的生存适应能力和创造能力,树立正确的生存观。人还要生活,所以要有生活的教育,帮助人们了解生活常识，掌握生活技能，实践生活过程，获得生活体验，树立正确的生活观念、生活目标，养成良好的生活习惯，追求个人、家庭、团体、民族和人类的幸福生活。

那么，人类“生命”自身呢？关于生命的教育主要应该帮助人们认识生命、尊重生命、珍爱生命，促进人们主动、积极、健康地发展生命，提升生命的质量，实现生命的意义和价值。

如果说从20世纪八九十年代开始，我国的生命意识教育还是个别地区、个别省市、个别学校中的“星星之火”的话，那么，在2008年之后，我们经历了造成生命与财产损失惨重的四川汶川特大地震之后，也有了云南省推行“三生教育”的成功经验，应该也必须高度重视生命意识教育，使其形成遍及全国城乡各级各类学校及社会、家庭中的“燎原之势”。让全体中国公民真正能够从认识生命之本真出发，去珍惜生命、尊重生命、开拓生命、发展生命，最终展现生命的精彩，获得生命的成功与幸福。这也是生命意识教育“教真育爱”本质属性的具体展现和根本要求。

三、灾难背景下生命意识的考量

一般而言，每当人们的生命遭受重创时，生命之脆弱和生命价值的可贵就会特别地凸显出来。所以，在汶川特大地震造成无数生命与财产损失之后，人的生命的价值和意义从来没有像今天这样受到举国一致的关注。汶川地震中，国家不惜一切代价救助每一个遇险或遇难者，往往为了救一个幸存者而耗费无数的人力、物力和财力。其根本意义在于，世界上没有任何东西比人的生命更重要。而一个懂得生命可贵的人才会懂得珍惜生命,一个能珍惜生命的人才知道如何感恩。比如地震救援中出现的“敬礼娃娃”朗铮,当解放军战士把他从废墟中救出并安放在木板上时,他忍住巨大的伤痛,用那只完好的手郑重地举起敬礼,这一幕感动了全世界无数的人;许多孩子被救后最先说的一句话是“叔叔,谢谢你”;又如被称为“可乐男孩”的薛枭在地震发生后乐观地面对险境,等等。这些在危难时刻的瞬间笑脸和朴实无华的肺腑之言都被定格在社会历史发展时空隧道的自然点中。瞬间变为永恒,并带给我们尊重生命、学会感恩的人生感悟。

时空链接:灾难视角下生命的考量

中新网2008年7月1日电 国务院新闻办公室根据国务院抗震救灾总指挥部授权发布:据民政部报告,截至7月1日12时,汶川地震已造成69195人遇难,374177人受伤,失踪18392人。突如其来的汶川大地震,让数万生灵瞬间逝

2008年5月12日汶川特大地震震惊中外,8万余生命瞬间丧失,无数财产刹那间化为灰烬,国家蒙难,百姓遭殃。

去，无数家庭支离破碎。

2008年5月12日汶川特大地震震惊中外，8万余生命瞬间丧失，无数财产刹那间化为灰烬，国家蒙难，百姓遭殃。当时凤凰卫视反复播放的一句话是："国殇之日，重生之时。""重生"是必然的，但"重生"是不是意味着我们的生活重新步入正轨？社会若无其事地前行？一切都恢复到震前水平？如果仅仅是这样，那未免就让无数的鲜血与泪水白流了。在救灾过程中，社会上还广泛流传一句激动人心的古话："大难兴邦。"但大难未必能兴邦，我们只有吸取了经验教训，体会了某些精神与文化的含义，转化为我们前行的坚实基础，才有可能真正实现"重生"与"兴邦"，才能理解这句古话的真正内涵。我们必须把这次用无数鲜血和财富换来的生命意识教育的精神资源，比如生命的脆弱、韧性、勇气、光辉、伦理和生死之情、感恩之心、亲情与友情、大爱与无私、举国一致、感同身受等挖掘出来，使之成为中华民族发展永不枯竭的精神动力，保存下去，并让我们每一个人都能永远记住，将这场特大的自然灾害转化为一堂全民的生命意识教育课，让我们每一个中国人更坚强，也更能理解生命的真谛：哪些才是我们生命中最可宝贵的东西，哪些是我们应该抛弃的东西。由此知晓自己的一生究竟应该如何度过。这也许就是我们应该而且必须要去做的事情。

安全教育是生命意识教育的基础，但是，生命意识教育不仅仅只是教会学生珍爱生命，更要启发学生完整地理解生命的意义，积极创造生命的价值；生命意识教育不仅仅只是告诉学生关注自身生命，更要帮助学生关注、尊重、热爱他人的生命。生命意识教育既是一切教育的前提，同时也是教育的最高追求。我们要引导学生认识生命的意义，追求生命的价值，实现生命的辉煌。

所以，教育的本质应该是让受教育者能够更好地适应社会生活，获得身体、心灵的全面发展。但是，由于社会竞争的加剧和就业形势的严峻，现代教育越来越偏重于知识的传授，而忽视对受教育者的人文关怀、价值关怀和意义关怀。许多青少年的道德品质、文化素质、人格人性等都出现了不同程度的问题，有些还相当严重。比如，青少年群体暴力事件、犯罪事件、吸毒滥交事件乃至自杀事件，已频繁地见诸报端网络和电视广播，甚至让人们习以为常了。中国每年有 10 万人丧生于车轮之下，每年自杀死亡的人数也有 28 万人之多，其中约 25 万人是青少年。

印度大诗人、哲学家泰戈尔说：“教育的目的是应当向人类传送生命的气息。”美国教育哲学家杜威先生也说过：“教育即生活。”两种说法都只揭示了部分的真理。应该说，教育即生命即生活。也就是说，让受教育者如何善用此“生命”与怎样更好地“生活”，以成就“人生”，是当代教育所要关注和解决的最重大的问题。因此，提升人的“生命”与“生活”的品质才是教育的真正核心所在。中国著名教育家陶行知先生强调：“千教万教教人求真，千学万学学做真人。”这就是生命意识教育在当代社会兴起的最深刻的历史背景。

人物链接：泰戈尔

拉宾德拉纳特·泰戈尔（1861—1941），印度著名诗人、文学家、作家、艺术家、社会活动家、哲学家和印度民族主义者，生于加尔各答市一个有深厚文化教养的贵族家庭，属于婆罗门种姓。

泰戈尔 13 岁就能创作长诗和颂歌体诗集。1878 年赴英国留学，1880 年回国专门从事文学活动。1884 年至 1911 年担任梵社秘书，20 世纪 20 年代创办国际大学。1941 年写作控诉英国殖民统治和相信祖国必将获得独立解放的著名遗言《文明的危机》。

泰戈尔是具有巨大世界影响的作家。他共写了 50 多部诗集，被称为 "诗圣 "。写了 12 部中长篇小说、100 多篇短篇小说、20 多部剧本及大量文学、哲学、政治论著，并创作了 1500 多幅画，谱写了难以统计的众多歌曲。学识涉猎文、史、哲、艺、政、经等范畴，几乎无所不包，无所不精。他的作品反映了印度人民在帝国主义和封建种姓制度压迫下要求改变自己命运的强烈愿望，描写了他们不屈不挠的反抗斗争，充满了鲜明的爱国主义和民主主义精神，同时又富有民族风格和民族特色，具有很高的艺术价值，深受人民群众喜爱。他的作品早在 1915 年就已介绍到中国，现已出版了 10 卷本的中文版《泰戈尔作品集》。

人物链接：杜威

约翰·杜威（1859—1952），是实用主义的集大成者。一位评论家说他是“实用主义神圣家族的家长”。如果说皮尔士创立了实用主义的方法，詹姆士建立了实用主义的真理观，那么，杜威则建造了实用主义的理论大厦。他的著作很多，涉及科学、艺术、宗教伦理、政治、教育、社会学、历史学和经济学诸方面，使实用主义成为美国特有的文化现象。

杜威的教育思想曾对 20 世纪上半叶的中国教育界、思想界发生过重大影响。一些重要人物，如胡适、陶行知、郭秉文、张伯苓、蒋梦麟等均曾在美国哥伦比亚大学留学，曾是杜威的学生。他反对传统的灌输和机械训练，强调从实践中学习的教育主张，对蔡元培、晏阳初以至毛泽东等都有一定的影响。

人物链接：陶行知

陶行知（1891—1946），汉族，安徽歙县人，毕业于金陵大学（1952 年并入南京大学）文学系，中国人民教育家、思想家，伟大的民主主义战士，爱国者，中国人民救国会和中国民主同盟的主要领导人之一。曾任南京高等师范学校教务主任，中华教育改进

社总干事。先后创办晓庄学校、生活教育社、山海工学团、育才学校和社会大学。提出了“生活即教育”、“社会即学校”、“教学做合一”三大主张，生活教育理论是陶行知教育思想的理论核心。著作有：《中国教育改造》《古庙敲钟录》《斋夫自由谈》《行知书信》《行知诗歌集》。

第二章

中华民族生命意识传承

第二章　中华民族生命意识传承

宁鸣而死，不默而生。

——范仲淹

近现代以来，人类在解释人的生命现象时，运用的是科学主义的方法。在解释人的由来问题上，人们普遍接受的是达尔文的观点，认为人是由猿演变而来的。在解释人的本质时，达尔文认为人不过是蛋白质存在的高级形式。从一定程度上说，这种对人的科学主义的解释，无视人类生命的特殊性，抹杀人与动物的本质区别，消解了人的尊严，从根本上导致了现当代社会诸多生命问题的产生。

人物链接：达尔文

查尔斯·罗伯特·达尔文(1809—1882)，英国生物学家，生物进化论的奠基人。他以博物学家的身份，参加了英国派遣的环球航行，做了5年的科学考察。在动植物和地质方面进行了大量的观察和采集，经过综合探讨，形成了生物进化的概念。1859年出版了震动当时学术界的《物种起源说》，提出了生物进化论学说，从而摧毁了各种唯心的神造论和物种不变论。除了生物学外，他的理论对人类学、心理学、哲学的发展都有不容忽视的影响。恩格斯将"进化论"列为19世纪自然科学的三大发现之一。

事实上，人的本质在于人的人文生命，人的尊严也正体现在人具有人文生命这点上。我国两千多年前的先哲荀子就指出过："水火有气而无生，草木有生而无知，禽兽有知而无义，人有气有生有知，亦且有义，故最为天下贵也。"人文生命是人的生命本质。

人物链接：荀子

荀子(约公元前313—前238)，名况，字卿，战国末期赵国人。避西汉宣帝刘询讳，"荀"与"孙"二字古音相通，故又称孙卿。著名思想家、文学家、政治家，儒家代表人物之一，时人尊称"荀卿"。曾三次出任齐国稷下学宫的祭酒，后为楚兰陵(今山东兰陵)令。荀子对儒家思想有所发展，提倡性恶论，其学说常被后人拿来跟孟子的"性善说"比较，荀子对重新整理儒家典籍也有相当显著的贡献。

那么，作为人的本质的人文生命又从何而来呢？它来源于特定的文化传统。作为人文生命的人际生命和精神生命都是在历史中形成的，是文化传统的产物。作为文化传统重要载体的文化经典在涵养人的人际生命和精神生命中发挥了重要作用。比如，《百家姓》要构建的就是人的人际生命。《百家姓》的目的绝不仅仅是要人们了解各种姓氏，而是要人们通过了解自己的姓氏，接续自己的文化血统，从而建构和扩大自己的人际性社会生命，使自己由一个"小我"变成"大我"，为超越性精神生命的创造奠定基础。

再比如《左传》中的"三不朽"说，要建构的就是人的超越性精神生命。"三不朽"指立德、立功、立言。《左传·襄公二十四年》："太上有立德，其次有立功，其次有立言，虽久不废，此之谓不朽。"孔颖达疏："立德，谓创制垂法，博施济众；立功，谓拯厄除难，功济于时；立言，谓言得其要，理足可传。"也就是说，人们可以通过立德、立功、立言来创造自己的生命价值，从而使自己的生命在历史上的天空中留下印迹，获得生命的不朽。显然，它要建构的是人的超越性的精神生命。这种对生命不朽的追求，左右了我国几千年来人们对超越性精神生命的理解。

因此，我们要理解自己的生命，就必须了解我们的文化传统。

中国文化博大精深，典籍卷帙浩繁，但实际上又不是杂乱无章的。可以说，每一种文化经典都是对我们生命问题的阐述，都具有生命意蕴，只是或隐或显或远或近而已。因此，我们可以从生命意蕴的角度去统整、理解这些传统文化经典。

一、蒙学经典中的生命意识

中国古代的蒙学经典看起来杂乱无章，但实际上却是形散而神不散的。这个神就是生命，它们都是围绕着生命意识来展开的，它们都是对人的生命的某一侧面的表达。《三字经》目的是实现人的初步教化，使人成为一个人；《百家姓》接续人的生命谱系，建构和扩大人的人际生命；《弟子规》注重人的行为规范的培养；《千家诗》要激发人的美感；《幼学琼林》旨在知识的综合传授，使人完成人文知识的积淀。

（一）《三字经》的生命意识

《三字经》，相传为南宋王应麟著。自南宋以来，已有七百多年历史，可谓家喻户晓，脍炙人口，是学习中华传统文化不可多得的儿童启蒙读物。全书共一千多字，三字一句，极易成诵，内容包括了中国传统的教育、历史、天文、地理、伦理和道德以及一些民间传说，广泛生动而又言简意赅。《三字经》还有满文、蒙文译本，英文、法文译本也已经问世。1990 年，新加坡出版的英文新译本更是被联合国教科文组织选入“儿童道德丛书”，在世界范围内推广。

人物链接：王应麟

王应麟（1223—1296），南宋官员、学者，字伯厚，号深宁居士，又号厚斋。祖籍河南开封，后迁居庆元府鄞县（今浙江鄞县），理宗淳祐元年（1244）进士，宝祐四年（1256）复中博学宏词科。历官太常

寺主簿、通判台州，召为秘节监、权中书舍人，知徽州、礼部尚书兼给事中等职。其为人正直敢言，屡次冒犯权臣丁大全、贾似道而遭罢斥，后辞官回乡，专意著述二十年。为学宗朱熹，涉猎经史百家、天文地理，熟悉掌故制度，长于考证。王应麟一生著述颇富，计有二十余种、六百多卷，相传《三字经》为其所著。

《三字经》的内容，从生命意识的角度来看，可以分为三个部分，每一部分有一个中心。

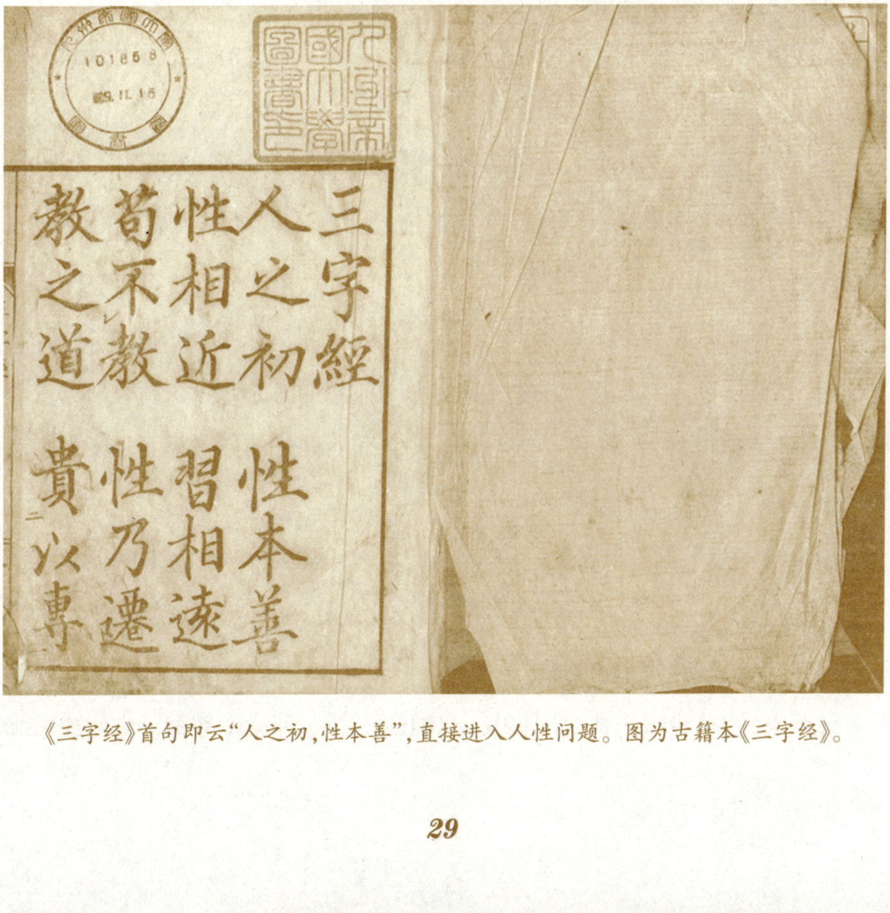

《三字经》首句即云"人之初，性本善"，直接进入人性问题。图为古籍本《三字经》。

首先谈的是人格教育。《三字经》首句即云“人之初，性本善”，直接进入人性问题。人性问题要回答的就是“人是什么”的问题，因而就其本质而言也就是人格问题。《三字经》以此开篇，可谓直揭该书主旨——人格教育。“人不学，不知义”，讲述的是教育和学习对儿童人格成长的重要性。从“为人子，方少时”至“首孝悌，次见闻”，强调儿童要懂礼仪，要孝敬父母、尊敬兄长，并举了黄香和孔融的例子。这些都是围绕着人格教育展开的。

其次谈的是人文教育。从“凡训蒙，须讲究”到“文中子，及老庄”，介绍中国古代的重要典籍和儿童读书的程序，这部分列举的书籍有四书、六经、三易、四诗、三传、五子，基本包括了儒家的典籍和部分先秦诸子的著作。从“经子通，读诸史”到“通古今，若亲目”，讲述的是从三皇至清代的朝代变革，一部中国史的基本面貌尽在其中。

最后谈的是人才教育。从“知某数，识某文”到“此十义，人所同”，介绍的是生活中的一些名物常识，有数字、三才、三光、三纲、四时、四方、五行、五常、六谷、六畜、七情、八音、九族、十义，方方面面，一应俱全，而且简单明了。

从生命意识的基本宗旨来看，《三字经》的目的是实现人的初步教化，使人基本上成其为一个人。《三字经》从“口而诵，心而维”至“戒之哉，宜勉力”，强调学习要勤奋刻苦、孜孜不倦，只有从小打下良好的学习基础，长大才能有所作为，“上致君，下泽民”。

实际上，这里就是强调塑造基本人格的意义，这也是《三字经》的主旨所在。

（二）《百家姓》的生命意识

《百家姓》是我国流传时间最长，范围最广的一种蒙学教材。它的成书和普及要早于《三字经》。据南宋学者王明清考证，该书前几个姓氏的排列是有讲究的：赵是指北宋皇室的姓，既然是国君的姓，理应为首；其次是钱姓，钱是五代十国中吴越国王的姓氏；孙为当时吴越国王钱俶的正妃之姓；李为南唐国王李氏。他判断《百家姓》“似是两浙钱氏有国时小民所著”。所谓“有国”，据史书记载，吴越在宋太祖开国后，还存在一段时间，至宋太宗太平兴国二年（977）才率土归降。可见，这本书是北宋初年问世的。

人物链接：王明清

王明清（1127—1202），字仲言，汝阴（今安徽阜阳）人。绍兴十年（1140），方总角，侍亲居山阴。三十二年（1162），以外舅方滋帅淮西，侍行至建康，见张孝祥。孝宗即位，得补官。乾道初，奉祠居山阴，撰《挥麈录》。淳熙四年（1177），至临安，获登李焘之门。淳熙十二年（1185），以朝请大夫主管台州崇道观。绍熙三年（1192），为杂买务杂买场提辖官。居临安七宝山，撰《挥麈后录》。四年（1193），签书宁国军节度判官。五年（1194），添差通判泰州，撰《挥麈第三录》。庆元间，寓居嘉禾。嘉泰（1201—1202）初，为浙西参议官（楼钥《参议方君墓志铭》）。与尤袤（字遂初）、陆游（字务观）、李焘（字仁甫）等有过交往。

《百家姓》采用四言体例，句句押韵，虽然它的内容没有文理，但读来顺口、易学好记，与《三字经》《千字文》相配合，成为我国古代蒙学中的固定教材。该书颇具实用性，熟悉它，于古于今都有裨益。

从生命意义上说，《百家姓》旨在接续人的生命谱系，建构和扩大人的人际生命。

（三）《弟子规》的生命意识

《弟子规》原名《训蒙文》，为清朝康熙年间（1662—1722）秀才李毓秀所作。其内容采用《论语·学而》篇第六条："弟子入则孝，出则弟，谨而信，泛爱众，而亲仁，行有余力，则以学文"的文义，以三字一句、两句一韵编纂而成，分为五个部分加以演述；具体列举出为人子弟在家、出外、待人接物、学应有的礼仪与规范，特别讲求家庭教育与生活教育。后经清朝贾存仁修订改编，并改名为《弟子规》，是启蒙养正、教育子弟、敦伦尽份、防邪存诚、养成忠厚家风的最佳读物。

人物链接：李毓秀

李毓秀（1647—1729），字子潜，号采三。新绛县龙兴镇周庄村人，生于清代顺治年间，卒于雍正年间，清初著名学者、教育家。李毓秀从师党冰壑游历近 20 年，精研大学中庸，创办敦复斋讲学，来听课的人很多，门外满是脚印。太平县御史王奂曾多次向他请教，十分佩服他的才学，时人尊称李毓秀为"李夫子"。李毓秀平生只考中秀才，主要活动是教书。根据传统对童蒙的要求，也结合他自己的教书实践，写成了《训蒙文》，后来经过贾存仁修订，改名《弟子规》。他的著作还有《四书正伪》《四书字类释义》《学庸发明》《读大学偶记》《宋孺夫文约》《水仙百咏》等，现分别藏于山西省图书馆和北京大学图书馆。

我们以“入则孝”为例来看：

弟子规·入则孝

父母呼，应勿缓；父母命，行勿懒。
父母教，须敬听；父母责，须顺承。
冬则温，夏则清；晨则省，昏则定。
出必告，反必面；居有常，业无变。
事虽小，勿擅为；苟擅为，子道亏。
物虽小，勿私藏；苟私藏，亲心伤。
亲所好，力为具；亲所恶，谨为去。
身有伤，贻亲忧；德有伤，贻亲羞。
亲爱我，孝何难；亲憎我，孝方贤。
亲有过，谏使更；怡吾色，柔吾声。
谏不入，悦复谏；号泣随，挞无怨。
亲有疾，药先尝；昼夜侍，不离床。
丧三年，常悲咽；居处变，酒肉绝。
丧尽礼，祭尽诚；事死者，如事生。

从中可以看出，它是把孔子“入则孝”的思想化为具体的行为准则，使其具有切实的可行性。因此，它不仅具有行为规训的作用，也有道德提升的功能。

《弟子规》在传统社会影响之大，读诵之广，仅次于《三字经》。之所以有如此大的影响，是因为《弟子规》是一本极具生命意识教育意义的蒙学读本。它旨在通过对人的行为规范的培养，达到塑造人格的目的，规训与教化是《弟子规》的主题。

(四)《千家诗》的生命意识

《千家诗》是我国旧时带有启蒙性质的格律诗选本。因为它所选的诗歌大多是唐宋时期的名家名篇，易学好懂，题材多样：山水田园、赠友送别、思乡怀人、吊古伤今、咏物题画、侍宴应制，较为广泛地反映了唐宋时代的社会现实，所以在民间流传广泛，影响深远。不过，虽号称千家，《千家诗》实际只录有122家。按朝代分：唐代65家，宋代52家，五代1家，明代2家，无从查考年代的无名氏作者2家。其中选诗最多的是杜甫，共25首；其次是李白，共8首；女诗人只选了宋代朱淑真2首七绝。

人物链接：杜甫

杜甫(712—770)，字子美，自号少陵野老，世称“杜工部”、“杜少陵”等，巩县(今河南巩义)人，盛唐时期伟大的现实主义诗人。他忧国忧民，人格高尚，他的1400余首诗被保留了下来，诗艺精湛，在中国古典诗歌中的影响非常深远，备受推崇。759—766年间，杜甫曾居成都，后世有杜甫草堂纪念之。杜甫被世人尊为“诗圣”，其诗被称为“诗史”。杜甫与李白合称“李杜”，为了跟另两位诗人李商隐与杜牧即“小李杜”区别开来，杜甫与李白又合称“大李杜”。

审美教育是人的生命教育的重要内容。《千家诗》旨在激发人的美感，树立人们的审美意识和审美追求，达到美化生命的目的。如孟浩然的《春晓》：“春眠不觉晓，处处闻啼鸟；夜来风雨声，花落知多少。”可以让我们领略到春天的鸟语花香，感受生命的美好。

人物链接：孟浩然

孟浩然（689—740），唐代诗人，孟子第 33 代孙，字浩然，襄州襄阳（今湖北襄阳）人，世称“孟襄阳”。浩然少好节义，喜济人患难，工于诗。年四十游京师，唐玄宗诏咏其诗，至“不才明主弃”之语，玄宗谓：“卿自不求仕，朕未尝弃卿，奈何诬我？”因放还未仕，后隐居鹿门山，著诗二百余首。孟浩然与另一位山水田园诗人王维合称为“王孟”。

而王之涣的《登鹳雀楼》：“白日依山尽，黄河入海流。欲穷千里目，更上一层楼。”不仅让我们领略了黄河的美景，更能让我们感悟“欲穷千里目，更上一层楼”的人生哲理，具有深厚的生命意识教育色彩。可以说，《千家诗》的诗蕴涵着丰富的生命意涵，值得我们细心品味。

人物链接：王之涣

王之涣(688—742)，盛唐时期诗人，字季凌，汉族，并州(山西太原)人。他豪放不羁，常击剑悲歌，其诗多被当时乐工制曲歌唱，名动一时。其常与高适、王昌龄等相唱和，以善于描写边塞风光著称，代表作有《登鹳雀楼》《凉州词》等。

二、传统思想经典中的生命意识

中国文化是由多种文化构成的有机体，儒、释、道、法、墨、名、纵横、兵、农等诸家学说(即所谓三教九流)是构成中国文化的重要组成部分。其中，儒、释、道是构成中国文化的主体，对中国人生命观的塑造起着重要的作用。

(一)《大学》的生命意识

儒家文化是中国传统文化的主干，对中国人的生命观起着决定性的作用。儒家的生命精神重在建构人的社会生命，使人在实现社会生命的过程中创造超越性精神生命。儒家经典很多，四书五经是重要经典。但是，如果要选一本来诵读，可以选择《大学》。因为《大学》集中、明确、系统地表达了儒家的生命观，并设计了一步步的人生步骤，可谓是一份周密的儒家生涯设计。朱熹曾经说《大学》之书是“古之大学所以教人之法也”，并和北宋“二程”一样奉《大学》为入德之门，确实有道理。

人物链接：朱熹

朱熹（1130—1200），字元晦，一字仲晦，号晦庵、晦翁、考亭先生、云谷老人、沧洲病叟、逆翁。祖籍江南东路徽州府婺源县（今江西省婺源），出生于南剑州尤溪。南宋著名的理学家、思想家、哲学家、教育家、诗人，闽学派的代表人物，19岁进士及第，曾任荆湖南路安抚使，仕至宝文阁待制。为政期间，朱熹申敕令、惩奸吏，治绩显赫。朱熹世称“朱子”，是孔子、孟子以来最杰出的弘扬儒学的大师。

人物链接：北宋二程

北宋时期，有两个著名的理学家，他们是亲兄弟，哥哥叫程颢，弟弟叫程颐，世人称“二程”。

程颢（1032—1085），字伯淳，人称明道先生，宋代大儒，理学家、教育家，与程颐为同胞兄弟。原籍河南洛阳，生于湖北黄陂。其家历代仕宦，曾祖父程希振任尚书虞部员外郎，祖父程遹曾任黄陂县令，赠开府仪同三司吏部尚书，卒于该县。父程珦年幼无力返乡，遂居于黄陂，曾任黄陂县尉，后官至太中大夫。二程就是在其父任黄陂县尉时所生，自幼深受家学熏陶，在政治思想上尤受父程珦影响，以反对王安石新法著称。

程颐(1033—1107),字正叔,北宋理学家和教育家,为程颢之胞弟。历官汝州团练推官、西京国子监教授。元祐元年(1086)除秘书省校书郎,授崇政殿说书,与其胞兄程颢共创"洛学",为理学奠定了基础。幼承家学熏陶,其政治思想颇受父亲的影响,推举其父反对王安石新法乃"独公一人",又说其兄程颢对荆公(王安石)之说,"意多不合,事出必论列",极加称许。与其兄程颢不但学术思想相同,而且教育思想基本一致,合称"二程"。

《大学》原本是《礼记》中的一篇,宋代人把它从《礼记》中抽出来,与《论语》《孟子》《中庸》相配合,到朱熹撰《四书章句集注》时,便成了"四书"之一。按朱熹和宋代另一位著名学者程颐的看法,《大学》是孔子及其门徒留下来的遗书,是儒学的入门读物。所以,朱熹把它列为"四书"之首。朱熹又认为收在礼记中的《大学》本子有错乱,便把它重新编排了一番,分为"经"和"传"两个部分。其中"经"一章,是孔子的原话,由孔子的学生曾子记录;"传"十章,是曾子对"经"的理解和阐述,由曾子的学生记录。由此形成我们今天所见到的《大学》版本。作为中国传统儒家最重要的经典之一,《大学》对中国人生命观的塑造起了重要作用。

人物链接:孔子

孔子(前551—前479),名丘,字仲尼,春秋时鲁国陬邑(今中国山东曲阜市南辛镇)人,春秋末期的思想家和教育家、政治家,儒家思想的创始人。孔子集华夏上古文化之大成,在世时已被誉为"天纵之圣"、"天之木铎",是当时社会上的最博学者之一,被后世统治者尊为孔圣人、至圣、至圣先师、万世师表，是“世界十大文化名人”之首。孔子的儒家思想对中国和朝鲜半岛、日本、越南等地区有深远的影响。

人物链接：曾子

曾子（前505—前435），姓曾，名参，字子舆，春秋末年鲁国南武城（山东平邑县）人。拜孔子为师，勤奋好学，颇得孔子真传。他积极推行儒家主张，传播儒家思想。他的修齐治平的政治观，省身、慎独的修养观，以孝为本的孝道观影响中国两千多年，至今仍具有极其宝贵的的社会意义和实用价值，是当今建立和谐社会的丰富的思想道德修养。曾子有著述《大学》《孝经》等，后世儒家尊他为“宗圣”。

1. “知止而后有定”：生命的终极追求。《大学》开篇即云：“大学之道，在明明德，在新民，在止于至善。”现在，我们都把它视为道德修养的三条纲目。的确，它是我们道德修养之纲，但是，它又不仅是道德修养之纲。由于儒家把道德视为人的生命的本质属性，所以道德修养其实就是生命修养，道德修养之纲因此也就是生命修养之纲。

在《大学》的生命设计中，人的终极追求是至善。所谓“止”就是所止之地，这里是生命的最后归宿和达到的境界。一个人只有知道最后的归依和归宿才能具有坚定的志向。“知止而后有定”要求人们，首先要树立志向。志向是人生奋斗的目标、努力的方向，志向不定，则人生不知如何行进。志向一定，才不会为外物所牵移，才能随处自得，才能精思详辨，才能实现人生的价值和目标。所谓“定而后能静，静而后能安，安而后能虑，虑而后能得”，此之谓也。

2. “八目”：人生修养的阶梯。《大学》云：“古之欲明明德于天下者，先治其国；欲治其国者，先齐其家；欲齐其家者，先修其身；欲修其身者，先正其心；欲正其心者，先诚其意；欲诚其意者，先致其知；致知在格物。物格而后知致，知致而后意诚，意诚而后心正，心正而后身修；身修而后家齐，家齐而后国治，国治而后天下平。”这就是实现生命价值的八个步骤。在这个人生进程中，格物是起始点。所谓格物，根据朱熹的解释，就是穷尽事物之理。也就是说，明白事理是人生的起点。明白了事理，就能使自己的意念诚实；意念诚实了，就能使心志端正；心志端正了，就能使自身的修养好；自身的修养好了，就能使家整肃；家整肃了，国家就可治理好；国家治理好了，就可使天下太平。这就是格物、致知、诚意、正心、修身、齐家、治国、平天下，就是儒家“内圣外王”的人生设计的具体展开。前五个条目是内圣的功夫，后三个条目是外王的功夫。内圣是基础，外王是内圣的体现。所以，人生价值的实现是从内在的修养开始的，外在的事业不过是这一修养推展的结果。这样，内在的价值和外在的事业是内在统一的。这是儒家生命观的精华所在，值得我们学习。

3. “慎独”：生命修养的自觉性。《大学》云：“所谓诚其意者，毋自欺也。如恶恶臭，如好好色，此之谓自谦。故君子必慎其独也。小人闲居为不善，无所不至。见君子而后厌然掩其不善而著其善。人之视己，如见其肺肝然，则何益矣？此谓诚于中、形于外。故君子必慎其独也。”《后汉书·杨震传》有一段“杨震暮夜却金”的记载：

杨震调任荆州刺史、东莱太守。到郡上任的时候，路过昌邑时，过去他曾推荐的荆州秀才王密正在做昌邑的县令。晚上，王密去拜见杨震，怀中揣了十斤金子，送给杨震。杨震说："我了解你，你不了解我，这是怎么回事呢？"

王密说："这么晚了，没有人能知道这件事。"

杨震说："天知道，神知道，我知道，你知道。怎么能说没人知道？"

王密羞愧地退出去了。

所谓慎独，是指在别人看到的时候和看不到的时候要一个样。《大学》强调慎独，是要人们在意念上树立生命修养的自觉性和自律性。因为，儒家生命修养的核心是内圣，它是一种内在的觉悟和涵养，不可能用外在的标准去衡量，没有自觉和自律，内圣也就失去了基础。所以，《大学》特别强调慎独的重要性。

总之，《大学》所倡导的生命意识是：立足人的社会性，通过人的道德涵养来提高人的内在品质，并由此向外拓展，实现人生价值。"内圣外王"是其生命意识的主要根据。

人物链接：杨震

杨震（59—124），字伯起，弘农华阴（今陕西华阴东）人，东汉名臣。高祖敞，昭帝时为丞相，因功封安平侯。自父宝以下，世习《欧阳尚书》，师从太常桓郁。明经博览，无不穷究。诸儒为之语曰："关西孔子杨伯起。"不答州郡礼命数十年。年五十，乃始仕州郡。大将军邓骘闻其贤而辟之，举茂才，四迁荆州刺史、东莱太守。元初四年（117），入朝为太仆，迁太常。永宁元年（120）代刘恺为司徒。延光二年（122）代刘恺为太尉。因正直而不屈权贵，为中常侍樊丰等所忌根，延光三年(124)被罢，继而诏遣返归郡，途中饮鸩而卒。

(二)《庄子》的生命意识

道家文化是中国文化的重要组成部分，对中国人的生命观产生了重要影响。道家的生命意识旨在关注人的生命的个体性，通过对个体生命的保全来获得对宇宙大道的体会认识，实现超越性精神生命。道家的主要经典有《老子》《庄子》《列子》等，其中最能代表道家生命精神的是《庄子》。

人物链接：庄子

庄子(公元前369—公元前286)，姓庄，名周，战国时期思想家和哲学家、文学家，道家学说的创始人之一。庄子祖上系出楚国公族，后因吴起变法，楚国发生内乱，先人避夷宗之罪迁至宋国蒙地。庄子生平只做过地方漆园吏，因崇尚自由而不应同宗楚威王之聘。庄子是老子思想的继承和发展者。后世将他与老子并称为“老庄”。他们的哲学思想体系，被思想学术界尊为“老庄哲学”。其代表作品为《庄子》，名篇有《逍遥游》《齐物论》等。

《庄子》是庄子及其弟子著作的合编，共33篇，分“内篇”、“外篇”、“杂篇”三个部分，一般认为“内篇”的七篇文字肯定是庄子所写的，“外篇”15篇一般认为是庄子的弟子们所写，或者说是庄子与他的弟子一起合作写成的，它反映的也是庄子真实的思想；“杂篇”11篇的情形就要复杂些，应当是庄子学派或者后来的学者所写，有一些篇幅就被认为肯定不是庄子学派的思想，如《盗跖》《说剑》等。内篇最集中表现庄子哲学的是《齐物论》《逍遥游》《大宗师》等。

《庄子》思想的出发点是保住人的个体生命，以避免社会对个体的戕害。所以它首先批判社会的丑恶："彼窃钩者诛，窃国者为诸侯。"认为那些打着仁义旗号争权夺利者，必须停止，"圣人不死，大盗不止"。因此，个人应逃避这个丑恶的社会。《庄子·列御寇》中载："或聘于庄子。庄子应其使曰：子见夫牺牛乎？衣以文绣，食以刍叔，及其牵而人于大庙，虽欲为孤犊，其可得乎！"有人向庄子行聘，庄子答复他的使者说："你见过那准备用作祭祀的牛牲吗？用织有花纹的锦绣披着，给它吃草料和豆子，等到牵着进入太庙杀掉用于祭

为了做到与万物一体，获得逍遥游，庄子提出了很多人生策略。图为《庄周梦蝶》。

祀，此时就是想要做个没人看顾的小牛，难道还可能吗？”这个故事也见于《史记·老庄申韩列传》。它说明，庄子是力图逃避社会的，逃避社会的目的是避免社会可能给他带来的伤害，以保全自我。

不过，人可以不接受高官厚禄以远离祸害，但要彻底远离社会是不可能的。这一点想必庄子也认识到了。于是他提出了一个在社会中保全自我的办法——“缘督以为经”。他说：“为善无近名，为恶无近刑。缘督以为经，可以保身，可以全生，可以养亲，可以尽年。”“缘督以为经”的“缘”是循的意思；“督”，指人的脊脉，在脊椎的空虚处；“经”指常道。所谓“缘督以为经”，字面上说，就是把循着骨节空虚处的脊脉所在作为养生的常道。在庄子看来，富贵名誉与罪恶刑罚都是有碍养生的，因此，做好事不要追求名利，做坏事不要触犯刑罚，而要循着其中的空隙来安排人生。

不过，远离社会对个我的伤害只能算是消极避祸。实际上，庄子更有积极追求。庄子的追求是与天道为一的精神自由，达到“天地与我并生，万物与我为一”的精神境界。达到这种境界的人，庄子用“真人”来指称。

在庄子看来，天道是最高的道，是万物的“大宗师”，人的最高境界就是要在精神上合于天道。合于天道者，则与万物为一体，能一切委任自然，没有人我分别，没有功名计较，所谓“至人无己，神人无功，圣人无名”，获得一种不受任何约束的精神上的逍遥游。可以说，与天地万物为一体是庄子的生命理想。

达到了与天地为一体的境界，则生死、穷达等一系列的人生问题都能看透。《庄子·德充符》说：“死生、存亡、穷达、贫富、贤与不肖、毁誉、饥渴寒暑，是事之变、命之行也。日夜相代乎前，而知不能规乎其始者也。故不足以滑和，不可入于灵府。使之和豫，通而不失于兑，使日夜无隙而与万物为春，是接而生时于心者也。是之谓才全。”也就是说，庄子认为，死生、存亡、穷达、贫富、贤与不肖等一系列人生问题都是事物的变化、天命的流行，人力不可更变。人只能顺应天命，不能为此扰乱自己心性的和顺。也就是说，人生的一切问题都要顺应自然，不要私心自用。

为了做到与万物一体，获得逍遥游，庄子提出了很多人生策略。悬解是其中之一。他说：“适来，夫子时也；适去，夫子顺也。安时而处顺，哀乐不能入也，古者谓是帝之悬解。”所谓悬、解，实质就是安时而处顺。它把顺应自然的人生进一步具体化了。

庄子认为，死生、存亡、穷达、贫富、贤与不肖等一系列人生问题都是事物的变化、天命的流行，人力不可更变。图为庄子鼓盆而歌。

总之，庄子的生命意识是以“个我”为价值本位的，它强调人不仅要保全个我生命，更要体履天地大道，从中获得精神的自由和生命的永恒。这种立足生命个体的生命观和儒家注重群体间礼法道德的生命观形成了反差和互补，共同塑造着中国人的生命观。

（三）《坛经》的生命意识

佛教文化是中国传统文化的重要组成部分之一。佛教在汉代由印度传入我国，传入后逐渐与中国本土文化相激荡、融合，形成了中国化的佛教，并以禅宗最具代表性。这里我们就以禅宗最重要的典籍《坛经》为对象，来了解禅宗的生命意识。

《坛经》是我国佛教禅宗的主要经典。它记载了禅宗创始人慧能大师一生得法传宗的事迹和启示门徒的言教；内容丰富，文字通俗，是研究禅宗思想渊源的重要依据。《坛经》有多种版本，这里以敦煌博物馆收藏本为底本来介绍。

人物链接：慧能大师

慧能（638—713），俗姓卢氏，唐代僧人，南海（今广东广州市）新兴岭南新州人，佛教禅宗祖师，得黄梅五祖弘忍传授衣钵，继承东山法门，为禅宗第六祖，世称禅宗六祖。唐中宗追谥其为“大鉴禅师”。慧能著有《坛经》流传于世，是中国历史上有重大影响的佛教高僧之一。慧能禅师的真身，供奉在广东韶关南华寺的灵照塔中。

《坛经》的生命意识，和印度佛教的生命意识有较大差异，体现了中国化佛教对生命的理解，其要旨大体有以下几个方面。

1.肯定人的主体性，肯定人的主体地位。《坛经》云：“佛者，觉也；法者，正也；僧者，净也。自心归依觉，邪迷不生。少欲知足，离财离色，名两足尊。自心归依正，念念无邪故，即无爱着；以无爱着，名离欲尊。自心归依净，一切尘劳妄念，虽在自性，自性产染著，名众中尊。”

佛教传入中国后，印度佛成了中国教徒们狂热膜拜的对象，人的地位和人的主体性极度低下。慧能大师不满于这种状况，对佛理作出新的解释，以肯定人的地位和突出人的主体性。在他看来，“佛”的本义是“觉悟”，皈依佛也就是认识自心自性。众生皈依的佛、法、僧三宝，其实都在自己身心之中，而非身心之外。这样，人的地位和主体性就得到了充分的肯定。

2.提出了一条由现实生活走向超越的精神境界的道路。《坛经》云：“欲修行，在家亦得，不由在寺。在寺不修，如西方心恶之人；在家若修，如东方人修善。但愿自家修清净，即是西方。法原在世间，于世出世间，勿离世间上，外求出世间。”

在印度佛教中，精神境界的超越往往需要离弃现世生活。这种取向不能适应中国古代高度重视现实生活和人伦日用的生活方式。于是，慧能大师选择了这种与世俗生活相适应的修行方式，开辟了一条由现实生活走向超越境界的道路。其实，儒家也强调在世间获得超越。禅宗和儒家的区别在于，儒家的世俗生活本身就是超越生死的途径和条件，而禅宗则只强调不能离开世俗生活，世俗生活本身不能成为超越生死的条件。禅宗认为超越生死的条件是“三无”。

《坛经》强调以无念为宗，无念是“三无”学说的核心，是相对于离念而言的。离念是指杜绝心中的种种妄念，抑制正常的心理活动。无念不是要求人们着意去除自然之念，而在于不执著于某种妄念，提倡的是纯任自然、不加造仿的修行方式。无念的提倡，开辟了一条在日常生活中悟道成佛的道路，对中国人的生命修养方式产生了深远的影响。

3.提出了顿悟成佛的生命修养方法。《坛经》倡导“明心见性”，即所谓“直指人心”、“见性成佛”的生命修养方法。《坛经》说“此法门中何名坐禅？此法门中一切无碍，外于一切境界上，念不起为坐，见本性不乱为禅。何名为禅定？外离相曰禅，内不乱曰定。外若着相，内心即乱；外若离相，内性不乱。本性自净自定，只缘境触，触即乱。离相不乱即定，外离相即禅，内不乱即定。外禅内定，故名禅定。”《维摩经》云：“实时豁然，还得本心。”

《坛经》一改传统禅的定义，把它由具体的修习形式转化为心灵感悟，提出了一种新的生命修养方法。在它看来，那种干枯的坐禅，不仅不能得悟，反而妨碍觉悟。因此，《坛经》又说：“此法门中坐禅原不着心，亦不着净，亦不言不动。若言看心，心元是妄，妄如幻故，无所看也。若言看净，人性本净，为妄念故，盖覆真如，离妄念，本性净。不见自性本净，心起看净，却生净妄，妄无处所，故知看者却是妄也。净无形相，却立净相，言是功夫，作此见者，障自本性，却被净缚。若修不动者，不见一切人过患，是性不动。迷人自身不动，开口即说人是非，与道违背看心看净，却是障道因缘。”

因此，只要顿悟，即可成佛。《坛经》中论述顿悟成佛的语句很多，如“前念迷即凡，后念悟即佛”、“即烦恼即菩提”、“一悟即至佛地”等。顿悟成佛的思想，为人们在日常生活中领悟生命的意义提出了一条重要的途径。

要而言之，《坛经》的生命意识，旨在把传统的坐禅修习转化为一种心灵体验，从而使人们能够在日常生活中通过心性修养，走向超越境界。顿悟成佛可以说是这种生命意识的经典表达。

三、传统文化经典中的生命意识

(一)诗词中的生命意识

中国是诗的国度,唐诗宋词是中国诗词的巅峰,对中国文学的影响极为深远。公元7世纪孙季良开始编纂唐诗选本起,至辛亥革命前,1200余年间,每两年即有一本唐诗选本问世。众多选本中以《唐诗三百首》流传最广、影响最大。《唐诗三百首》老幼皆宜,雅俗共赏,成为屡印不止的最经典的选本之一。

人物链接:孙季良

孙季良,一名翌,河南偃师人。开元时期,为左拾遗、集贤院直学士。孙季良是贺知章的门人,贺去世后,孙季良等人立碑于东都国子监之门外,以颂其德。唐玄宗曾列季良为十八学士之一。著有《正声集》三卷、《珠英学士集》五卷。

《唐诗三百首》由清人蘅塘退士(1711—1778)选编,共选入唐代诗人77位,计310首诗,其中五言古诗33首、乐府46首、七言古诗28首、七言律诗50首、五言绝句29首、七言绝句51首,诸诗配有注释和评点。《唐诗三百首》以成功务实的编法、简易适中的篇幅、通俗大众的观点、精美的入选诗歌打动着读者,成为最成功的儿童启蒙教材和了解中国文化的模范读本,对中国诗歌选编学、中国人的心理构成都有很大的影响。当然,更重要的是,它培养了中国人的审美情趣,把人生存于其间的大自然、人生的各种活动,如朋友之间的交往、亲人之间的分离都赋予了美学意义，从而构建了中国人的诗意空间，对中国人的生命意识产生了重大影响。

人物链接：王维

王维（701—761），字摩诘，汉族，河东蒲州（今山西运城）人，祖籍山西祁县，唐朝诗人，有“诗佛”之称。王维开元九年（721）中进士，任太乐丞。王维是盛唐诗人的代表，今存诗400余首，重要诗作有《相思》《山居秋暝》等。王维精通佛学，受禅宗影响很大。佛教有一部《维摩诘经》，是王维名和字的由来。王维诗、书、画都很有名，多才多艺，对音乐也很精通。王维与孟浩然合称“王孟”。

1. 王维《山居秋暝》

诗云：

空山新雨后，天气晚来秋。明月松间照，清泉石上流。

竹喧归浣女，莲动下渔舟。随意春芳歇，王孙自可留。

这首诗给我们呈现了这样一个意境：秋日薄暮，山雨初霁，风清气爽。皓月透过松林静静地泻在大地，清泉在石上叮咚流淌。竹林中传出洗衣女归家的谈笑声，莲蓬移动了，渔民正在水中撒网。任凭春天的芳菲随时令消逝吧，游子在秋色中，自可流连徜徉。

这是一首写山水的名诗，体现了人类赞美自然、诗意栖居的生命情怀。大自然是人类的生存背景，是人类生命的舞台。人生要活得有美感，要活得有意义，必须首先美化自然。大自然本无所谓美丑，无所谓意义，但人类通过把客体的自然和人类的生命联系起来，赋予它美感和意义，即所谓的人化自然，从而使人类所处的环境有了生命的意义，充满诗意。中国大量的山水诗文，都是在以人类的目光点化自然，美化自然。王维的《山居秋暝》就是其中最有代表性的作品之一。我们在欣赏《山居秋暝》时，只有领悟了它对我们欣赏自然美的意义，这首诗才能起到它本有的生命涵养的作用。

人物链接：李白

李白（701—762），字太白，号青莲居士，唐朝伟大的浪漫主义诗人，有“诗仙”之称。汉族，祖籍陇西郡成纪县（今甘肃天水市秦安县）。出生于剑南道之绵州（今四川绵阳江油市青莲乡），一说生于西域碎叶城（今吉尔吉斯斯坦托克马克），5岁随父迁至剑南道之绵州（巴西郡）昌隆县（712年更名为昌明县），其父李客，育二子（伯禽、天然）一女（平阳）。存世诗文千余篇，代表作有《蜀道难》《将进酒》等诗篇，有《李太白集》传世。762年，李白病逝于安徽当涂，享年61岁，其墓在安徽当涂。

2. 李白《静夜思》

诗云：

床前明月光，疑是地上霜。

举头望明月，低头思故乡。

这首诗写的是在寂静的月夜思念家乡的感受。一个独处他乡的人，在夜深人静的时候，被如霜的月色勾起了心头阵阵思念故乡的波澜。“疑是地上霜”中的“疑”字，生动地表达了诗人睡梦初醒、迷离恍惚中将照射在床前的清冷月光误作铺在地面的浓霜。而“霜”字用得更妙，既形容了月光的皎洁，又表达了季节的寒冷，还烘托出诗人漂泊他乡的孤寂凄凉之情。

故乡对人的生命绝不仅意味着人生的成长，它还意味着精神家园的最初建构。它使得每一个离开故土的人，就像由一根红线牵着的风筝，永远怀着对故乡的眷恋。故乡成了精神家园的空间载体，寄托着人们的童年记忆和精神皈依，成了人们的精神寓所。每一个人都渴望精神家园，所以由儿童成长记忆所构成的时空意象——故乡，就成了人们反复吟咏的人生主题。当我们静听《静夜思》时，我们应该能够体会出其中蕴涵的诗人对精神家园的渴望和向往。

人物链接：孟郊

孟郊（751—814），唐代诗人，字东野。汉族，湖州武康（今浙江德清）人，祖籍平昌（今山东临邑东北），先世居洛阳（今属河南）。现存孟郊诗歌500多首，以短篇的五言古诗最多，代表作有《游子吟》。孟效有“诗囚”之称，又与贾岛齐名，人称“郊寒岛瘦”。元和九年，孟效在阌乡（今河南灵宝）因病去世。

3. 孟郊《游子吟》

诗云：

慈母手中线，游子身上衣。

临行密密缝，意恐迟迟归。

谁言寸草心，报得三春晖。

血缘生命是人的重要生命组成之一，它是在不断地强化与亲人之间的关联性而建构和拓展起来的。所以在中国许多文学作品中，有大量表达亲情的作品。

孟郊的《游子吟》是其中最具代表性的作品之一。所以，当我们学习这首诗的时候，要理解其中的生命意义。

人物链接：李商隐

李商隐(813—858)，著名诗人。他是晚唐最出色的诗人之一，和杜牧合称"小李杜"，与温庭筠合称为"温李"。因其诗文与同时期的段成式、温庭筠风格相近，且三人都在家族里排行第十六，故并称为"三十六体"。其诗构思新奇，风格秾丽，尤其是一些爱情诗和无题诗写得缠绵悱恻，优美动人，广为传诵。但部分诗歌过于隐晦迷离，难于索解，至有"诗家总爱西昆好，独恨无人作郑笺"之说。因其处于牛李党争的夹缝之中，一生很不得志。死后葬于家乡沁阳(今河南省沁阳与博爱县交界之处)。作品收录为《李义山诗集》。

4. 李商隐：《登乐游原》

诗云：

向晚意不适，驱车登古原。

夕阳无限好，只是近黄昏。

生命的有限是许多文学作品表达的主题。这首诗就是借赞颂夕阳的美好，感慨美好生命的有限。

相同的诗还有杜秋娘的《金缕衣》："劝君莫惜金缕衣，劝君惜取少年时。花开堪折直须折，莫待无花空折枝。"不过，这首诗虽有惜时进取之劝，也有及时行乐之意，我们在吸取其生命意识时要注意剔除其消极因素。

人物链接：苏轼

苏轼（1037—1101），字子瞻，号东坡居士，眉州眉山（今四川眉山）人。父苏洵、弟苏辙都是著名的散文家。他是宋仁宗嘉佑二年（1057）的进士，官至翰林学士、知制诰、礼部尚书。曾上书力言王安石新法之弊，后因作诗刺新法下御史狱，遭贬。卒后追谥文忠。他是北宋中期的文坛领袖，文学巨匠，唐宋八大家之一。其文纵横恣肆，其诗题材广阔，清新豪健，善用夸张、比喻，独具风格。他的词开豪放一派，与辛弃疾并称"苏辛"，有《东坡全集》《东坡乐府》。

5. 苏轼：《水调歌头·明月几时有》

明月几时有，把酒问青天。不知天上宫阙，今夕是何年？我欲乘风归去，又恐琼楼玉宇，高处不胜寒。起舞弄清影，何似在人间！

转朱阁，低绮户，照无眠。不应有恨，何事长向别时圆？人有悲欢离合，月有阴晴圆缺，此事古难全。但愿人长久，千里共婵娟。

在《水调歌头》中，起句"明月几时有，把酒问青天"先点出了永恒的观念，自然的伟大与人生的渺小在皎洁的月光下映衬得异常醒目，进而词人又意识到无法超越时空限度，于是，他便以庄周的相对主义观点从宏大的时空意识中寻求超越，既不悲愤激昂，也不沮丧灰暗。“起舞弄清影，何似在人间!”当你以超然的姿态看待清风明月时，可能就会发现天上未必有人间之乐，而人间却可能得到神仙般的感受，虽然在永恒的对映下不可避免地变化着月的阴晴圆缺、人的悲欢离合，但当以超然达观的态度看待时，也就无须自怨自艾，生命悲感得到了消解。词的结尾，作者情不自禁地发出了“但愿人长久，千里共婵娟”的美好祝愿，既然人生与自然都会有自古难全的憾事，那么就互祝平安，同赏明月，共同思念吧。达观的态度终使心灵获得了相对的宁静。

宇宙永恒的伟大需用人生的渺小来陪衬，陪衬相比的结果是产生了浓重的生命悲感，而这又使诗人以不同的心态选择了不同的人生道路。

人物链接：范仲淹

范仲淹(989—1052)，字希文，汉族，北宋著名的政治家、思想家、军事家和文学家，世称“范文正公”。他为政清廉，体恤民情，刚直不阿，力主改革，屡遭奸佞诬谤，数度被贬。1052年(皇祐四年)五月二十日病逝于徐州，终年64岁。其著作有《范文正公全集》传世，通行有清康熙岁寒堂刻版本，附《年谱》及《言行拾遗事录》等。

6.范仲淹:《渔家傲·秋思》

塞下秋来风景异,衡阳雁去无留意。四面边声连角起,千嶂里,长烟落日孤城闭。

浊酒一杯家万里,燕然未勒归无计。羌管悠悠霜满地,人不寐,将军白发征夫泪。

这首词的上阕描绘边地荒凉的秋景,以显示边地生活的艰苦和军事势态的严重。首句指出“塞下”这一地域性的特点,并以“异”字领起全篇,为下片怀乡思归之情埋下了伏线。“衡阳雁去”是“塞下秋来”的客观现实,“无留意”虽然是北雁南飞的具体表现,但更重要的是这三个字来自戍边将士的内心,它衬托出雁去而人却不得去的情感。以下 17 字通过“边声”、“角起”和“千嶂”、“孤城”等具有特征性的事物,把边地的荒凉景象描绘得有声有色,征人见之闻之,又怎能不百感交集? 首句中的“异”字通过这 17 个字得到了具体的发挥。

下阕是作者自抒怀抱,慨叹功业未立和思念家乡的复杂心情,真实而感人。前两句含有三层意思:“浊酒一杯”扑不灭思乡情切,长期戍边而破敌无功,所以产生“归无计”的慨叹。接下去,“羌管悠悠霜满地”一句,再次用声色加以点染并略加顿挫,此时心情,较黄昏落日之时更加令人难堪。“人不寐”三字缩上结下,其中既有白发“将军”,又有泪落“征夫”。“不寐”又紧密地把上景下情联系在一起。“羌管悠悠”是“不寐”时之所闻;“霜满地”是“不寐”时之所见。情景相生,达到了水乳交融的艺术境界。

全篇雄浑有力,情调苍凉悲壮。尤其是“将军白发”的喟叹更是折射出了作者对生命的短暂和时光的流失以及破敌无功的人生惋惜。

人物链接：辛弃疾

辛弃疾（1140—1207），南宋著名文学家。字幼安，号稼轩，历城（今山东济南）人。其出生时，山东已被金兵所占，21岁参加抗金义军，不久归南宋，历任湖北、江西、湖南、福建、浙东安抚使等职。任职期间，他采取积极措施，招集流亡，训练军队，奖励耕战，打击贪污豪强，注意安定民生。其一生坚决主张抗金，在《美芹十论》《九议》等奏疏中，具体分析了当时的政治军事形势，对夸大金兵力量、鼓吹妥协投降的人，作了有力的驳斥；要求加强作战准备，鼓励士气，以恢复中原。他所提出的抗金建议，均未被采纳，并遭到主和派的打击，曾长期落职闲居江西上饶、铅山一带；晚年韩侂胄当政，一度被起用，不久病卒。其词抒写力图恢复国家统一的爱国情怀，倾诉壮志难酬的悲愤，对南宋上层统治集团的屈辱投降进行揭露和批判；也有不少吟咏祖国河山的作品。他的词艺术风格多样，而以豪放为主，热情洋溢，慷慨悲壮，笔力雄厚，与苏轼并称“苏辛”。其作品集有《稼轩长短句》，今人辑有《辛稼轩诗文钞存》。

7.辛弃疾：《永遇乐·京口北古亭怀古》

千古江山，英雄无觅，孙仲谋处。舞榭歌台，风流总被、雨打风吹去。斜阳草树，寻常巷陌，人道寄奴曾住。想当年金戈铁马，气吞万里如虎。

元嘉草草，封狼居胥，赢得仓皇北顾。四十三年，望中犹记、烽火扬州路。可堪回首，佛狸祠下，一片神鸦社鼓。凭谁问，廉颇老矣，尚能饭否？

这首词是辛弃疾于公元1205年（宋宁宗开禧元年），66岁任镇江知府时，登上京口北固亭后所写的一首感怀词。

词的上阕怀念孙权、刘裕。孙权割据东南，击退曹军；刘裕金戈铁马，战功赫赫，收复失地，不仅表达了对历史人物的赞扬，也表达了对主战派的期望和对南宋朝廷苟安求和者的讽刺和谴责。

下阕引用南朝刘义隆草率北伐，招致大败的历史事实，忠告韩侂胄要吸取历史教训，不要鲁莽从事；接着用43年来抗金形势的变化，表示词人收复中原的决心不变；结尾三句，借廉颇自比，表示出词人报效国家的强烈愿望和对宋室不能尽用人才的慨叹。

全词豪壮悲凉，义重情深，不仅放射着爱国主义的思想光辉，也反映了作者对人生命运以及心路历程的深情回顾。词中用典贴切自然，紧扣题旨，增强了作品的说服力和意境美。

（二）美术中的生命意识

人物链接：王希孟

王希孟（1090—？）可以称得上中国绘画史上仅有的以一张画而名垂千古的天才少年。然而史书中没有他的记载。王希孟十多岁入宫中“画学”为生徒，初未甚工，宋徽宗赵佶时系图画院学生，后召入禁中文书库，曾奉事徽宗左右，但宋徽宗慧眼独具：“其性可教。”于是亲授其法。经赵佶亲授指点笔墨技法，其艺精进，画遂超越矩度。王希孟工山水，作品罕见。

1.《千里江山图》

美化大自然、欣赏大自然之美是获得生命美感的第一步。在这方面，国画具有直观、形象的优势。所以中国画中有大量的作品是描绘大自然的。其中，北宋画家王希孟所作的《千里江山图》是代表性的作品之一。

徽宗政和三年（1113）四月，王希孟用了半年时间终于绘成名垂千古之鸿篇杰作《千里江山图》卷，时年仅 18 岁，此外再没有关于他的记述，不久英年早逝。

《千里江山图》纵 51.5 厘米，横 1191.5 厘米，绢本，青绿设色，无款，据卷后蔡京题跋知系王希孟所作，现藏故宫博物院。作品以长卷形式，描绘了连绵的群山冈峦和浩渺的江河湖水，于山岭、坡岸、水际中，布置和点缀亭台楼阁、茅居村舍、水磨长桥及捕鱼、驶船、行旅、飞鸟等，描绘精细，意态生动。该画作景物繁多，气象万千，构图于疏密之中讲求变化，气势连贯，以披麻与斧

王希孟名垂千古之鸿篇杰作《千里江山图》局部

劈皴相合，表现山石的肌理脉络和明暗变化；设色匀净清丽，于青绿中间以赭色，富有变化和装饰性。作品意境雄浑壮阔，气势恢弘，充分表现了自然山水的秀丽壮美。我们在欣赏这幅画时，要领略它对我们生存背景的美化，从而起到涵养生命的作用。

人物链接：郑板桥

郑板桥（1693—1765），名燮，字克柔，汉族，江苏兴化人，清代官吏、书画家、文学家。郑板桥是“扬州八怪”之一，历官河南范县、山东潍县知县，有惠政，后以请赈饥民忤大吏，乞疾归。他的诗书画均旷世独立，人称三绝。有《板桥全集》。

2. 《竹石》

《竹石》系清代郑燮（郑板桥）所作。其中有题诗，诗云：“咬定青山不放松，立根原在破岩中。千磨万击还坚劲，任尔东西南北风。”

托物言志是中国文学艺术的一种重要的表达方式。这首写在竹石图上的题画诗，表面上作者咏的是竹石，实际上作者以物喻人，写的是竹子，赞颂的却是人。诗人以屹立的青山、坚硬的岩石为背景，说竹子“咬定青山”、“立根破岩”、“千磨万击”。坚劲、则正是这个历经风吹雨打的竹子和竹子所象征的人的真实写照。因此可以说，诗歌通过歌咏竹石，塑造了一个百折不挠、顶天立地的强者的光辉形象。所以，这首诗表达的是人的生命价值取向，具有深刻的意义。

人物链接：徐悲鸿

徐悲鸿(1895—1953)，现代画家、美术教育家、中国流艺术家画派创始人。他曾留学法国学西画，归国后长期从事美术教育，先后任教于中央大学(1949年更名南京大学)艺术系、北平大学艺术学院和北平艺专，1949年后任中央美术学院院长。他擅长画人物、走兽、花鸟，主张现实主义，于传统尤推崇任伯年，强调国画改革融入西画技法，作画主张光线、造型，讲求对象的解剖结构、骨骼的准确把握，并强调作品的思想内涵，对当时中国画坛影响甚大。其所作国画彩墨浑成，尤以奔马享名于世。

3. 《八骏图》

《八骏图》是著名画家徐悲鸿所作。徐悲鸿以画马著称于世，他画的马既有西方绘画中的造型，又有中国传统绘画中的写意，熔中西绘画之长于一炉，笔墨酣畅，形神俱足。《八骏图》是其代表作。《八骏图》，顾名思义是有八匹骏马。画中八匹骏马虽然都是跑姿，但形态各异，且各具风采：或奔腾跳

著名画家徐悲鸿所作《八骏图》

跃，或回首长嘶，或腾空而起、四蹄生烟……刚劲、矫健、剽悍的骏马，给人以自由和力量的象征，鼓舞人们积极向上，体现了飞扬的志气、奋进的灵魂。

当我们欣赏《八骏图》的时候，同样可以感受到生命的昂扬、奋进的力量和努力向前的信念。

（三）《黄帝内经》的生命意识

《黄帝内经》是我国传统医学四大经典著作之一，为我国现存最早的医学典籍，大约成书于战国至西汉时期。它集中反映了我国古代的医学成就，创立了祖国医学理论体系，奠定了中医学发展的基础，始终指导着祖国医学的发展，直到今天仍具有重要的研究价值。

《黄帝内经》由《素问》和《灵枢》组成，《素问》共 24 卷、81 篇，所论内容十分丰富，包括阴阳五行、脏象气血、腧穴针道、病因病机、诊法病征、治则治法、医德养生、运气学说等，较为详尽地论述了人体生理、病理、诊断、治疗的有关内容，突出了古代的哲学思想，强调了人体内外统一的整体观念，从而成为中医基本理论的渊薮。

《黄帝内经》对中国人的生命意识产生了深远影响。首先，《黄帝内经》在我国第一次系统讲述了人的生理、病理、疾病、治疗的原则和方法，为中华儿女战胜疾患、灾难提供了方法。其次，《黄帝内经》在我国第一次阐述了养生的原则与方法。再次，《黄帝内经》是我国第一部关于生命的百科全书。《黄帝内经》以生命为中心，涉及医学、天文学、地理学、心理学、社会学、哲学、历史等学科内容，是一部围绕生命问题而展开的百科全书，对中国人的生命意识产生了巨大影响。下面以《黄帝内经·素问》第三章《生气通天论篇》为例，领会其中的生命意识：

黄帝曰：夫自古通天者，生之本，本于阴阳。天地之间，六合之内，其气九州、九窍、五藏、十二节，皆通乎天气。其生五，其气三，数犯此者，则邪气伤人，此寿命之本也。

苍天之气，清净则志意治，顺之则阳气固，虽有贼邪弗能害也，此因时之序。故圣人传精神，服天气，而通神明，失之则内闭九窍，外空肌肉，卫气散解，此谓自伤，气之削也。阳气者，若天与日，失其所，则折寿而不彰。故天运当以日光明。是故阳因而上卫外者也。因于寒，欲如运枢，起居如晾，神气乃浮。因于暑，汗，烦则喘喝，静则多言，体若播炭，汗，出而散。因于湿，首如裹，湿热不攘，大筋瘤短，小筋弛长，绠短为拘，弛长为痿。因于气，为肿，四维相代，阳气乃竭。阳气者，烦劳则张，精绝，辟积于夏，使人煎厥。目盲不可以视，耳闭不可以听，溃溃乎若坏都，汩汩乎不可止。阳气者，大怒则形气绝而血菀于上，使人薄厥。有伤于筋，纵，其若不容汗出偏沮，使人偏枯。汗出见湿，乃生痤疿。高粱之变，足生大丁，受如持虚。劳汗当风，寒薄为，郁乃痤。阳气者，精则养神，柔则养筋。开阖不得，寒气从之，乃生大偻。陷脉为瘘。留连肉腠，俞气化薄，传为善畏，及为惊骇。营气不从，逆于肉理，乃生痈肿。魄汗未尽，形弱而气烁，穴俞以闭，发为风疟。故风者，百病之始也，清静则肉腠闭拒，虽有大风苛毒，弗之能害，此因时之序也。故病久则传化，上下不并，良医弗为。故阳畜积病死，而阳气当隔，隔者当写，不亟正治，粗乃败之。

故阳气者，一日而主外，平旦人气生，日中而阳气隆，日西而阳气已虚，气门乃闭。是故暮而收拒，无扰筋骨，无见雾露，反此三时，形乃困薄。岐伯曰：阴者，藏精而起亟也，阳者，卫外而为固也。阴不胜其阳，则脉流薄疾，并乃狂。阳不胜其阴，则五藏气争，九窍不通。是以圣人陈阴阳筋脉和同，骨髓坚固，气血皆从。如是则内外调和，邪不害，耳目聪明，气立如故。风客淫气，精乃亡，邪伤肝也因而饱食，筋脉横解，肠游为痔。因而大饮，则气逆。因而强力，肾气乃伤，高骨乃坏。凡阴阳之要，阳密乃固，两者不和，若春无秋，若冬无夏，因而和之，是谓圣度。故阳强不能密，阴气乃绝，阴平阳秘，精神乃治，阴阳离决，精气乃绝。因于露风，乃生寒热。是以春伤于风，邪气留连，乃为洞泄。夏伤于暑，秋为痎疟。秋伤于湿，上逆而咳，发为痿厥。冬伤于寒，春必温病。四时之气，更伤五藏。阴之所生，本在五味，阴之五宫，伤在五味。是故味过于酸，肝气以津，脾气乃绝。味过于咸，大骨气劳，短肌，心气抑。味过于甘，心气喘满，色黑，肾气不衡。味过于苦，脾气不濡，胃气乃厚。味过于辛，筋脉沮弛，精神乃央。是故谨和五味，骨正筋柔，气血以流，腠理以密，如是，则骨气以精，谨道如法，长有天命。

《生气通天论篇》论述了生命的起源及人与自然的关系。首先，其以人与自然相类比的方法，运用阴阳学说阐述生气通天论的整体观，并从生理、病理、养生等方面讨论人与自然的密切关系。人与天地自然是否息息相通并保持和谐统一，是生命长短的根本问题。而这一根本的根本，乃是阴阳。天地之间，四方上下之内，无论是世上的万物，还是人的九窍、五脏、十二经脉，都与天地自然之气息息相通。阴阳之道，化生出木、火、土、金、水五行，体现为天、地、人三气。人如果常常违背这些，就会被邪气所伤。所以说，阴阳乃是寿命的根本之根本。

其次，以太阳比喻阳气，讨论人体阳气的生理功能，阳气失常的病变、预防以及保养阳气的原则。它认为，人体的阳气，犹如天和太阳。要是丧失了它的本来作用，就会使人减损寿命而且没有明显的表现。上天的运行，乃是借着太阳来昭示其强盛作用的。与之相应的人体阳气，也是遵循同样的规律而向上运行并发挥卫护身体的作用的。

再次，论述人体阴阳的辩证关系，并列举饮食起居不慎致阴阳偏盛偏衰的病机病征，强调阴阳协调的重要性以及阳气的主导地位。它认为，阴气的作用是使精气藏守于内并且化生阳气；阳气的作用是在外卫护人体并使肌腠得到固密。阴虚而不能平制阳气，就会使得脉流急迫。如果阳邪侵入阳分而且加重，就会造成狂病；阳虚而不能平制阴气，五脏之气就会滞乱交争，以致九窍丧失作用。因此，圣人才注重调适阴阳，以使筋脉柔顺、骨髓坚固、血气全都通畅无阻。凡人要是能够像圣人一样，就可以使身体内外和谐，邪气不能侵害，耳朵灵敏，眼睛明亮，元气旺盛而始终不衰。

最后，论述了饮食化生阴精、五味入脏，偏嗜太过又能伤五脏的道理。人体阴精化生的来源主要是饮食五味，而藏纳精气的五脏，又常常被饮食五味所伤。因此，过多进用酸味的饮食，由它滋养的肝气就会太盛，脾气也就会随之衰竭；过多进用咸味的饮食，大的骨骼就会受到损伤，从而使肌肉萎缩，使心气抑郁无力；过多进用苦味的饮食，就会使心跳加速、胸口满闷、面色发黑、肾气失去平衡；过多进用甘味的饮食，脾气就会受到损伤、失去健运之力而造成湿邪凝滞，胃气也就随之虚弱而使得胃部胀满；过多进用辛味的饮食，筋脉就会衰败废弛，同时精神也会受到损伤而越泄散失。因此，要审慎地合理调配饮食五味，用以使骨骼坚正、筋脉柔韧、气血通畅、肤腠固密。

总之，只要能够谨遵养生之道，按照养生之方去做，就能够健康长寿，享尽天年。

“天人相应”为《内经》基本学术思想之一，而“生气通天”是《内经》中“天人相应”观的重要体现。“生之本，本于阴阳”论揭示了生命的来源和本质。它指出，人生存于自然之中，与自然环境息息相关，故养生必须以“生气通天”为要领，奠定了中国人对生命的基本意识及由此派生的养生原则。

（四）《天工开物》的生命意识

《天工开物》，明代科学家宋应星著，是中国古代一部综合性的科学技术著作，是世界上第一部关于农业和手工业生产的综合性著作。书名取自《易·系辞》中“天工人其代之”及“开物成务”。“天工开物”这四个字，是用“巧夺天工”和“开物成务”两句古成语合并而成的，“天工”表示自然的力量，“开物”表示人力对自然的开发利用，二者相合，表达了天人合一、人力与天工相协调的唯物主义哲学思想。

人物链接：宋应星

宋应星（1587—约1666），中国明末科学家，字长庚，汉族，奉新（今属江西）人。万历四十三年（1615）举于乡，崇祯七年（1643）任江西分宜教谕，十一年为福建汀州推官，十四年为安徽亳州知州。明亡后弃官归里，终老于乡。在当时商品经济高度发展、生产技术达到新水平的条件下，他在江西分宜教谕任内著成《天工开物》一书。宋应星的著作还有《野议》《论气》《谈天》《思怜诗》《画音归正》《卮言十种》等，但今已佚失。

《天工开物》对中国古代的各项技术进行了系统地总结，构成了一个完整的科学技术体系。该书收录了农业、手工业、工业——诸如机械、砖瓦、陶瓷、硫黄、烛、纸、兵器、火药、纺织、染色、制盐、采煤、榨油等生产技术，尤其是机械，更是有详细的记述。《天工开物》在国外先后被翻译成多种文字，外国学者称它为“中国17世纪的工艺百科全书”。难能可贵的是，这部科学巨著充满着人文关怀，具有很浓的生命意蕴。下面选取一段，领会其中的生命意识。

乃服第二。宋子曰：人为万物之灵，五官百体，赅而存焉。贵者垂衣裳，煌煌山龙，以治天下，贱者裋褐枲裳，冬以御寒，夏以蔽体，以自别于禽兽。是故其质则造物之所具也。属草木者为麻、苘、葛，属禽与昆虫为裘褐、丝绵。各载其半，而裳服充焉矣。天孙机杼，传巧人间。从本质而见花，因绣濯而得锦。乃杼柚遍天下，而得见花机之巧者，能几人哉？“治乱”、“经纶”字义，学者童而习之，而终身不见其形象，岂非缺憾也！先列饲蚕之法，以知丝源之所自。盖人物相丽，贵贱有章，天实为之矣。

在这篇讲服饰工艺的前言里，宋应星以人的崇高地位——人为万物之灵——立论，揭示了服饰的人文意义，也就是服饰对人的生命涵养的意义。在他看来，从大的方面来讲，服饰可以辨等级、治天下；从小的方面看，服饰能蔽体遮羞，把人和动物分别开来。这种紧紧围绕人类的生命与生活来研究科学技术的态度，是《天工开物》自始至终贯穿的态度，它集中体现了中国古代科学技术的基本精神——科学技术是为人的生命服务的。

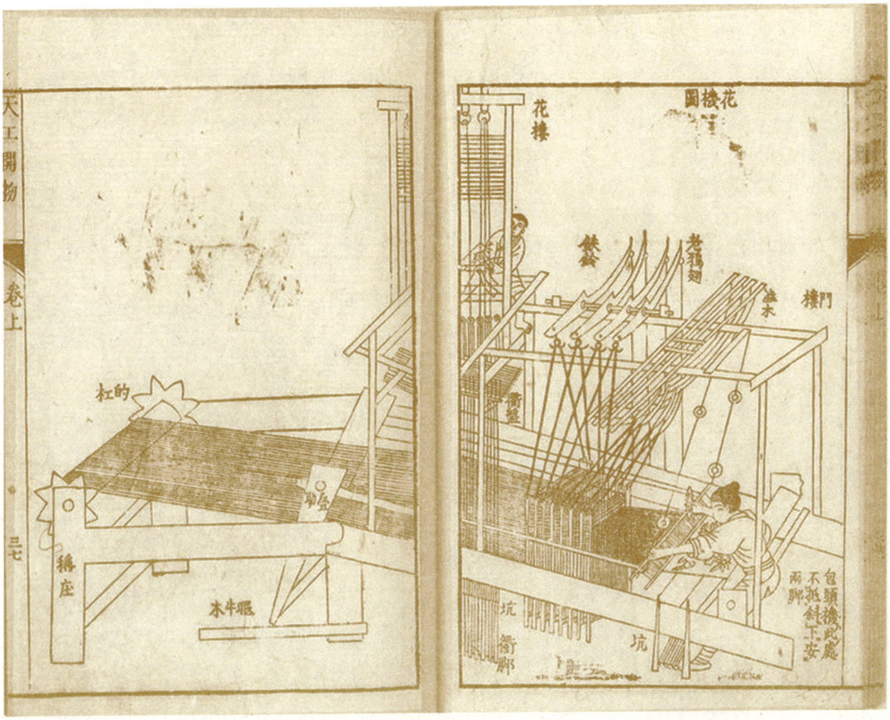

《天工开物》对中国古代的各项技术进行了系统地总结，构成了一个完整的科学技术体系。

现在，我们很多科技发明不仅无助于人的生命，而且极其有害。从事这些发明的人，应该从中国传统的科技精神文化中汲取营养。

四、中华民族传统文化中生命意识的传承

由于中国传统文化实际上是围绕着生命意识而展开的，因此在传统文化生命意识教育中不能停留在知识传授的层面上，而必须深入到其本旨，即生命意识的层面上。

当前，从生命意识教育的角度来看，中国传统文化中生命意识教育主要是从人文教育、人格教育、人才教育三个方面来实现人的生命意识教育的。

（一）人文教育

人文教育是其他一切教育的基础。一个毫无人文素养的人，无从进行人格教育，也很难进行人才教育。因此，中国古代的传统文化首要进行的教育就是人文教育。《三字经》中大量关于天文、地理、人物、历史的知识，儒家经典"三礼"中关于礼俗的教育《春秋》三传中的历史教育，都是人文教育。在中国传统文化中，《幼学琼林》可谓是一部最系统的人文教育读本。全书共分33个门类，介绍了中国古代的著名人物、天文地理、典章制度、风俗礼仪、生老病死、婚丧嫁娶、鸟兽花木、朝廷文武、饮食器用、宫室珍宝、文事科第、释道鬼神等诸多方面的内容。中国文化方面的内容几乎无所不包，堪称中国古代的百科全书，难怪古

人文教育的目的，一方面是为人们的安身立命提供知识基础，更重要的是，为人格等其他方面的教育奠定基础。

代人有“读了《增广》会说话，读了《幼学》走天下”之说。

人文教育的目的，一方面是为人们的安身立命提供知识基础，更重要的是，为人格等其他方面的教育奠定基础。中国古代的六艺教育（礼、乐、射、御、书、数）最终都指向人格教育，就是一个很好的例证。

（二）人格教育

人格教育是一切教育的核心，也是教育最本质的规定。教育只有围绕着这个宗旨才算找到了它的归宿，才不会迷失方向。从这个意义上说，一切教育都是生命意识教育。中国传统文化中最重要的文化经典，大多开门见山、开宗明义，以人格教育为其统帅。如《三字经》首句即是“人之初，性本善”，直接进入人性的问题。

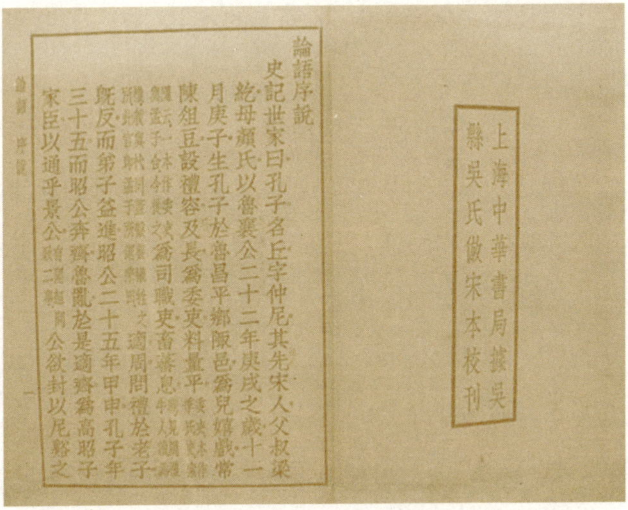
上海中華書局據吳
縣吳氏倣宋本校刊

論語序說
史記世家曰孔子名丘字仲尼其先宋人父叔梁
紇母顏氏以魯襄公二十二年庚戌之歲十一
月庚子生孔子於魯昌平鄉陬邑爲兒嬉戲常
陳俎豆設禮容及長爲委吏料量平
爲司職吏畜蕃息
之適周問禮於老子
既反而弟子益進昭公二十五年甲申孔子年
三十五而昭公奔齊魯亂於是適齊爲高昭子
家臣以通乎景公　公欲封以尼谿之

論語　序說　一

如《论语》《孟子》《老子》《庄子》等，经典塑造了中国人的人格世界，影响深远。

众所周知，人性问题要回答的就是“人是什么”的问题，因而其本质也就是人格问题。《三字经》以此开篇，直揭该书主旨。《大学》也是如此。《大学》首句为“大学之道，在明明德，在亲民，在止于至善”。所谓“明德”，是指人的良好的德性，“明明德”就是发扬人的良好的德性，讲的也是人格问题。儒家的另一部经典《中庸》也是以此开篇的。《中庸》首句即是“天命之谓性，率性之谓道，修道之谓教”，讲的也是人性及其教化问题，实际上也就是人格的培养问题。

事实上，除了这些开篇即表明宗旨的经典外，还有许多经典是围绕着人格的建构来展开的，如《论语》《孟子》《老子》《庄子》等。这些经典塑造了中国人的人格世界，影响深远。我们在诵读这些文化经典时，应抓住这方面的内容，因为这才是它们的精髓和核心。

（三）人才教育

尽管对人才的理解，古代和现代有很大差异，但强调成才则古今一致。在中国传统文化经典中，训练人的才学、才能的内容比比皆是。中国传统文化中所说的人才大致有三种：德才、艺才、技才。

1.德才。所谓德才，即由德而才，指因为道德品质高尚而具有的能力，这些才能是以人格为基础而获得的，是人的德行的延伸。由德而才是中国古代的人才观的根本特征。中国传统社会所谓的人才，主要指德才。德才是经邦济世、治国安民之才，也就是管理、治理国家和社会的人才，即政治人才。孔子说“为政以德”，强调以德治国，实际上也就把治理国家和社会的能力寄托在道德品质的修养上。所以，孔子会说“学而优则仕”。此处所谓“学”，指学做人，“仕”指做官，只要把道德品质修养好了就具备了经邦济世的能力，就是人才。儒家经典《大学》里设计的人生修养模式——格物、致知、诚意、正心、修身、齐家、治国、平天下（即所谓“八目”），以修身为本，以治平为用，也是认为所谓成才，其实就是成德。有德便有才，才以德为本。

《中庸》中关于治国的思想，其实也是以提高道德品质为途径而获得的某种才能。德才把人的能力限定在治国安民的能力上，现在看来有很大局限性。但它对培养人的道义精神和社会责任感具有非常重要的意义。现在看来，仍然是必不可少的。

2.艺才。所谓艺才，指文艺方面的才能，如琴、棋、书、画、诗、词、歌、赋等。中国人崇尚审美生活，因此对这方面能力的重视虽然不像对德才那样视为真才，却也视其为判断人的素质高下的一个标志。故中国文化经典中，唐诗、宋词、元曲等被视为必读之书。

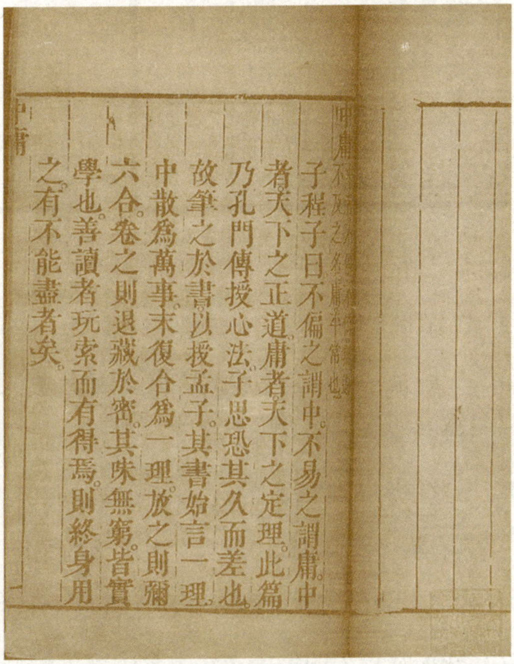
子程子曰不偏之謂中不易之謂庸中
者天下之正道庸者天下之定理此篇
乃孔門傳授心法子思恐其久而差也
故筆之於書以授孟子其書始言一理
中散爲萬事末復合爲一理放之則彌
六合卷之則退藏於密其味無窮皆實
學也善讀者玩索而有得焉則終身用
之有不能盡者矣

《中庸》中关于治国的思想，其实也是以提高道德品质为途径而获得的某种才能。

3.技才，指掌握了某种人文技术的人，如算卦、堪舆、医术等。实际上，这些技术虽然很多现在看来不够“科学”，但其中也不乏合理因素，对我们理解生命、安顿生活是很有帮助的。即使作为一项人文知识，了解一些也应该。

其实，除了上述三种人才，还有大量掌握了生产技术手工技艺的人。不过，他们的技术往往被视为小技，甚至称其为“奇技淫巧”，不入法眼。在今天看

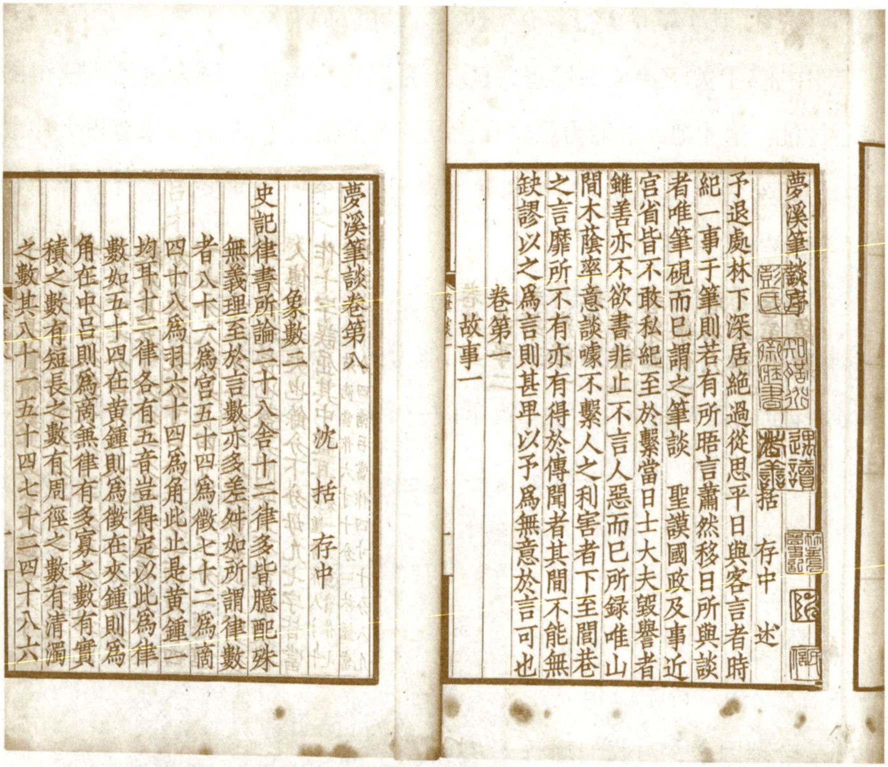

夢溪筆談序

沈括存中述

予退處林下深居絕過從思平日與客言者時紀一事于筆則若有所晤言蕭然移日所與談者唯筆硯而已謂之筆談　聖謨國政及事近宮省皆不敢私紀至於繫當日士大夫毀譽者雖善亦不欲書非止不言人惡而已所録唯山間木蔭率意談噱不繫人之利害者下至閭巷之言靡所不有亦有得於傳聞者其間不能無缺謬以之爲言則甚卑以予爲無意於言可也

卷第一

故事一

夢溪筆談卷第八

沈括存中

象數二

史記律書所論二十八舍十二律多皆臆配殊無義理至於言數亦多差舛如所謂律數者八十一爲宮五十四爲徵七十二爲商四十八爲羽六十四爲角此止是黃鍾一均耳十二律各有五音豈得定以此爲律數如五十四在黃鍾則爲徵在夾鍾則爲角在中呂則爲商兼律有多寡之數有實積之數有短長之數有周徑之數有清濁之數其八十一五十四七十二四十八六

我们在今天的传统文化教育中应该挖掘这方面的内涵，发挥其生命意识教育的意义。

来，无疑是一个缺陷。我们应该多读读这方面的文化经典，如《梦溪笔谈》《天工开物》等等。

这三种人才或人的这三方面的才能，有些虽已不适应现代生活，但大多仍具有积极意义，尤其是从人生意义的角度来看更是如此。而这三种人才或人的三个方面才能的教育在很大程度上是通过文化经典的教育实现的。所以，我们在今天的传统文化教育中应该挖掘这方面的内涵，发挥其生命意识教育的意义。

第三章
生存的基本法则

第三章　生存的基本法则

你热爱生命吗？那么别浪费时间，因为时间是组成生命的材料。

——富兰克林

人最宝贵的是生命，人生的发展、生活滋味的品尝、人生幸福与快乐的获取，无不以生命的存在为前提。所以，如何生存是我们每一个人都必须学习的首要内容。何谓“生存”？在《现代汉语词典》里，“生存”的定义是：(人或生物)保存生命(跟“死亡”相对)。是的，“生存”是如此重要，它关系到每个人乃至整个人类的生死存亡，而学会如何“生存”，则是做人的一件大事。

联合国教科文组织为21世纪的教育提出的口号是“学会生存”。这一富有震撼力的口号真的很适合对当前中国的孩子讲。中国的孩子在应试能力

联合国教科文组织为21世纪的教育提出的口号是"学会生存"。图为联合国大厦。

方面的确很强，但和其他国家的孩子比起来，他们在动手能力、创造力、生存本领等方面却令人担忧。因此，现在到了整个社会都必须考虑一个现实问题的时候了：21世纪，人们该如何去学会生存？

一、反省生存危机

1992年8月，77名日本孩子来到中国内蒙古，与30名中国孩子一起举行了草原探险夏令营。刚上路时，日本孩子的背包鼓鼓囊囊，装满了食品和野营用具，而有些中国孩子则装装样子，背包里几乎是空的，才走一半路便将水喝光、干粮吃尽，只好向别人求援；中国孩子病了回大本营睡觉，日本孩子病了硬挺着走到底；日本家长乘车走了，只把鼓励留给发高烧的孙子，中国家长来了，在艰难路段把儿子拉上车……这是一篇题为《夏令营的较量》的文章对中日学生生存能力的描述，这篇文章曾经轰动一时，引起无数国人的反思。然而，多年过去了，我们的教育对于孩子生存能力的认识和培养几乎没有发生什么大的改变。

(一)交通事故

根据公安部统计，2012 年上半年，全国共发生道路交通事故 190270 起，造成 41933 人死亡、221838 人受伤，直接财产损失 7.1 亿元。

中国每年有超过 1.85 万名 14 岁以下儿童死于道路交通事故，在儿童交通意外事故中，其中约半数是因为儿童自身违规行为引起的，且事故一般发生在儿童步行、骑车及乘车时。

在儿童交通意外事故中，其中约半数是因为儿童自身违规行为引起的。

“红灯停、绿灯行……”这是我们从小就知道的常识，可是，只要走在大街上，就会发现没有多少人真正遵守。据相关部门介绍，有八成的交通意外伤害事故是可以避免的。我们中小学生的交通生存能力存在着许多的问题。

我国每年都有数以万计的青少年或被车祸夺去生命，或造成终身残疾，其中一个重要原因就是因为中小学生对道路交通法规知之甚少，自我防范意识较差，一些成年人的不良“示范”作用也让这些学生们在马路上肆无忌惮。很多中小学生上下学途中没有走在人行道上，或横穿马路时未遵照红绿灯的指示。不少中小学生骑自行车结伴上路，喜欢并排骑行，边骑边聊天，一旦有机动车冲上了非机动车道，就会发生“连环撞”，事故的伤亡率就会升高。

培养孩子们认识交通安全的重要性，就要利用各种机会让孩子认识和了解各种交通信号标志及交通安全常识，让孩子从小树立起良好的交通安全意识。家长应该经常教育孩子不要在街道上、马路上踢球、追逐打闹以及学骑自行车等，不要在停车场内玩耍，游戏时尽量远离停靠的车辆，以免其突然启动而造成伤害。在过马路时选择人行横道、过街天桥或是地下通道，不要横穿马路，也不要跨越街上的护栏和隔离墩。学生上下学时，不可多人横排行走，不要互相推搡打闹，应该在人行道上行走。另外，学生在街上和马路上行走时，不要埋头

就要利用各种机会让孩子认识和了解各种交通信号标志及交通安全常识，让孩子从小树立起良好的交通安全意识。

看书或玩玩具，以免发生意外。对骑自行车的学生，应当提醒其注意遵守交通规则，不要骑车带人，注意靠右侧行驶，不要在机动车道上行驶，不要多人并排骑行，也不要在马路上相互追逐。无论是坐公共汽车还是其他交通工具，教育孩子养成良好的乘车习惯，要坐稳，不在车厢内跑动，上下车时要注意待车停稳。

但仅仅知道这些常识是不够的，知道并不等于做到。造成一起又一起惨烈得令人心痛不已的事故的原因，其实与我们的教育理念有关。孩子们起早贪黑地上学苦读，过于疲劳，疏于注意交通安全。而一些司机又相对缺少人文关怀的驾驶理念。本来驾驶员考试考的是交通规则和在马路上行车的素质，可是，现实中驾驶员的驾车习惯和遵守行车规矩的素质，却实在令人担忧。

（二）自然灾难

当前是突发自然灾难较为频繁的时期。一些心理学家经过测试证明，一个没有经过专门抗灾训练的人，面对突如其来的灾难必然产生恐惧、惊慌，很难逃过劫难。有调查显示，中国公民应对突发自然灾害的危机意识、心理承受能力普遍较差，在灾难中自救或互救的逃生能力更差。

2008 年 11 月 14 日，上海商学院内一宿舍楼发生火灾，4 名女生由于不懂火灾来临时的逃生常识，从六层楼高的宿舍跳楼逃生，不幸全部坠楼身亡。据消防部门对某市区内 50 多所学校开展消防安全检查的情况来看，发现学校学生宿舍消防安全隐患十分突出，一旦发生火灾，形势将会十分严峻。一些学校的学生宿舍楼的楼道里，很少能找到灭火器。有些宿舍楼内只设置一个安全出口，询问一位校内保安人员消防栓的具体位置时，对方回答

一些学校的学生宿舍楼的楼道里,很少能找到灭火器。

说不知道。在向200名学生调查中,只有10%的学生认为自己可以正确使用灭火器。在调查发生火灾后是否想过自己救火,15%的人表示会去救火,30%的人说不会,55%的人表示“不好说”,原因是“不知道救火要注意哪些问题,怕自己救火反而受伤”。虽然近几年来,我国的消防宣传搞得火热,使一部分学生受到了教育,但上海商学院发生的这起火灾事故表明,我们的消防宣传仍然存在着薄弱环节。学校是莘莘学子求知的乐园,校园安全直接影响学校的教学秩序和青少年的健康成长,学生的很大一部分时间都是在学校度过,一旦发生火灾,极易造成群死群伤的后果。

在繁重的学习任务下,学生往往重视学习能力,而忽视求生能力。而我们的教育中,经常关心的是如何让学生学到更多的书本知识,而忽视了对生存知识和能力的培养。因此,学生作为社会的重要群体,在预防和避免自然灾难的发生中,起着十分重要的作用。如果学生安全意识淡薄,安全常识缺乏,逃生自救互救能力低下,一旦发生事故,势必酿成灾难,造成严重后果。

因此,对各级各类学生进行安全教育,不仅要帮助学生认识自然灾害的危害,增强防灾减灾的能力,还要帮助学生认识和感悟生命的价值,提高他们的安全意识。

(三)校园暴力与自杀事件

2009年5月18日晚,云南省孟连傣族拉祜族自治县一中学学生小思和另外7名女生,把一名叫小艳的学生拉进学校公厕,用拳脚及高跟拖鞋殴打小艳头部及身体,并抢下小艳手中的外衣扔进厕所便池内,随后把两张未使用的卫生巾贴到小艳脸部。此次校园暴力事件被披露后,引起社会的广泛关注,人们不禁要问:为何宁静的校园会出现如此暴力事件?

就在几年前,"校园暴力"似乎还是一个遥远的名词,但似乎是突然之

人们不禁要问:为何宁静的校园会出现如此暴力事件?

间，群殴、勒索甚至血腥这些只有影视剧里才出现的字眼和行径，在本该是一片净土的校园出现，给宁静的校园蒙上了一层阴影。人们不无忧虑地发现，原本应该用美好、纯真等词来形容的花季少年，却越来越多地与暴力、喋血、行凶、杀人等词汇联系在一起。是什么原因使得现在的孩子有如此极端的暴力行为呢？这种极端行为的背后，是否还包含着更深层次的教育隐忧？

“幼儿园读小学的内容，小学读初中的内容，初中读高中的内容，高中读大学的内容，大学读幼儿园的内容——学习基础文明，学习为人处世，学习待人接物。”这就是现今中国部分学校“伪素质教育”的可悲现状。“伪素质教育”典型地反映了学校教育与家庭教育的现实形态：一是“6+1 综合症”：在家里，有些“独苗”被爸爸、妈妈、爷爷、奶奶、外公、外婆 6 个大人争着宠、捧着爱，这种“6 个大人宠 1 个孩子”的现象，专家称之为“6+1 综合症”。二是“5+2=0”：学生一周里在学校接受 5 天教育，双休日在家无人管教或者教育不当，5 天来的那点教育效果就化为泡影。

紧张的期末考试到了，但广州市第 25 中学初一某班的同学们却陷入了悲伤之中。因为前一天晚上，开朗又漂亮的女生 Amy（化名）因早恋遭到母亲反对，加上期末考试的压力，从八楼的家中纵身一跃，自杀身亡。青少年自杀的原因往往是因为学习压力过大、早恋等。近几年来，大学生的自杀事件也屡见报端，难道大学生自杀现象频发仅仅是因为就业、学习、情感等各方面的压力和挫折吗？

其实，要回答这些问题很简单，我们的教育应该更多地站在学生的角度上，多问问学生需要什么，学生喜欢什么。学校在传授知识、培训技能的同时，应该给予学生更多的人性关怀。一般而言，现代许多学校实行应试教育的模式，极端强调考试成绩，甚至把分数当成评价学生的事实上的唯一标准，淡漠了对学生人文精神的培养，使得许多学生缺乏精神信仰，缺少追求终极目标的信念。而要做到这一点，就应该在学校里顺应时代发展的潮流和学生身心发展的特点，以生命教育理念来补充学校的素质教育，使我们的学生在学习和生活中能有更多的生命意识，从而让我们的学生能够在这样复杂的社会环境中学会生存。

(四)溺水事故与性侵害

据相关部门统计，溺水和交通事故是学生非正常死亡的主要杀手，其中溺水是头号杀手。福建省教育厅公布的数据显示：2009 年上半年福建全省师生非正常死亡 145 人，其中溺水 64 人，占死亡人数的 44%。

时空链接：预防溺水，珍爱生命——2012 年 1—5 月全国学生部分溺水事故

2012 年 1 月 8 日，山西长治市长治县郝家庄上郝村西塘处，因开发商挖沙导致地面出现大坑，聚集河水后结冰，4 名小学生和 1 名幼儿在冰上溜冰时不慎落入坑中溺水死亡。

2012 年 3 月 3 日，海南乐东中学 2 名初三学生到河边钓鱼，不慎落水身亡。

2012 年 3 月 4 日，海南临高 1 名小学四年级学生在水渠沟旁洗手时被水冲走，不幸溺水身亡。

2012 年 3 月 4 日，海南文昌 1 名小学六年级学生和 1 名幼儿到附近水库大坝玩耍，不幸溺水身亡。

2012 年 3 月 6 日，海南琼中 2 名二年级学生到河边玩耍，不幸溺水身亡。

2012 年 3 月 11 日，福建诏安县深桥中心溪园小学 2 名四年级学生私自到桥东镇象头自然村淡水虾池玩耍，不幸溺水身亡。

2012 年 3 月 27 日，福建三明市三元区岩前中学 2 名初三学生私自到河边游泳，不慎溺水身亡。

2012 年 4 月 2 日，重庆大渡口区重庆冶金高级技工学校几名学生相邀在重钢新港码头江边游

泳戏水，其中1名学生因体力不支溺水死亡。

2012年4月2日，广东梅州市大埔县大埔中学5名初一学生到汀江茶阳镇印山背大沙坝河段玩水，其中3名学生由于上游500米左右水库突然放水被冲走失踪，其中2名安全自救。

2012年4月12日，广东高州市石鼓镇丽山村一名13岁女孩在去男同学家的路上不慎落水，男同学勇敢施救，却双双被河水冲走，1死1失踪。

2012年4月15日，福建永定县三中3名初三学生到县芦下坝水电站桥下河边玩耍不慎落水，2人溺水身亡。

2012年4月20日，广东化州市宝圩镇仓板小学5名小学生放学回家后出村外玩耍，经过村边小桥时不慎掉进河里，3名学生死亡、1名失踪。

2012年4月20日，重庆巴南区道角中学3名学生相约到校外游泳，其中1名学生溺水死亡。

2012年4月22日，广东博罗县柏塘镇上田布村石岗河石角潭发生学生溺水事件，1名学生死亡。

2012年4月25日，重庆云阳县故陵小学4名学生放学回家后，相约到离家几百米外的池塘游泳，

预防溺水　珍爱生命

其中1名学生溺水死亡。

2012年5月4日，重庆江津区珞璜小学3名学生放学后相约到长江珞璜电厂附近水域游泳，其中1名学生溺水死亡。

2012年5月5日，重庆轻工学校1名住读学生周末请假离校后，到嘉陵江同兴渡口江边游泳时溺水死亡。

2012年5月5日，山东聊城接连发生两起学生溺水事件，高唐县和茌平县各有3名学生下河游泳发生意外，其中5名学生溺水身亡。

2012年5月5日上午，浙江临海市江南街道2名儿童(均为男，12岁，小溪小学6年级学生)在小溪村石桥头溪边玩耍时溺水，1人送医院抢救无效死亡，另一人生命体征平稳，住院观察。

2012年5月5日，浙江天台县洪畴镇洪畴中学初三学生林某(男，16岁)与同学项某某一起到洪畴镇湖塘岗头水塘游泳，林某不慎溺水。项某某马上呼救，周边群众赶到将林某打捞施救上岸时，发现其已死亡。

2012年5月5日，浙江温岭市泽国镇小学一年级学生周某(女，8岁，椒江人)与新贝幼儿园幼儿查某(女，7岁，安徽人)在丹山村一池塘边玩耍时不慎落水，2人经抢救无效均死亡。

2012年5月6日，山西省阳泉市东村中学学生施文宇与同学陈龙和潘东旭结伴在河底镇东村村红土坪水库游泳，施文宇溺水身亡。

2012年5月6日，距江西宜春市区80余公里的一个小山村，李细秀老人在外玩耍的5个孙子、孙女在水塘溺亡。

2012年5月6日，安徽铜陵职业技术学院和安徽工业职业技术学院10名学生到铜陵县老洲乡太阳岛游玩，1名女生不慎落水，6名学生下水施救，5人溺水死亡。

2012年5月11日，江西永丰县陶唐辖区内发生一起幼儿溺水死亡事件。

2012年5月27日(周日)下午4点左右，湖北孝昌县季店乡中心小学5名六年级女学生结伴游泳时发生险情，不幸溺水身亡。

2012年5月29日，甘肃陇南市宕昌县城关第三小学2名学生在县城汁子川大桥下岷江游泳时溺水身亡。

学生溺水事故频频发生并逐渐呈上升趋势，让人感到无比痛心和焦虑。从表面上看，溺水悲剧源于学生的安全意识薄弱、自我保护意识不强，然而学生溺水事故所占比重如此之高，且很多溺水者是已经成年的大学生，所以这并非仅仅是“安全意识”问题，它至少还从一个侧面表明，家庭、学校对于学生生存能力的培养是不成功的，溺水事故频发给我们的“生存教育”敲响了警钟。

如果说溺水事故主要发生在男孩身上的话，性侵害的受害者则主要是女孩。2006 年 5 月，江苏常州某校初三女生，16 岁的苗苗(化名)被当地一批“小混混”强行带到一宾馆房间内，并威胁她去“坐台当小姐”。坚决不从的苗苗被脱光衣服跪在地上，遭受十余人长达数小时的殴打与羞辱，情急之下，苗苗从二楼卫生间跳下逃跑，摔成重伤。

近年来，类似的事件在我们周围一再发生，每个故事都是那么悲惨。然而设身处地替苗苗想一下，一个十几岁的女孩子，在孤立无援的情况下，如果不想受辱，除了跳楼，她还有别的办法吗？这个问题不仅苗苗难以回答，很多人也难以回答。因为长期以来，家长和学校只重视孩子对书本知识的学习，而缺乏对她们进行生存方式教育，以致她们在遇到一些紧急情况时常常手足无措，无所适从。

近年来，中小学生性教育问题虽然得到相当程度的重视，性教育的内容有所拓展，方式方法也有所创新，但是中小学生性教育仍然存在着不足。而学生性观念超前与性知识滞后的矛盾，性教育内容的不全面以及与现实的脱节，导致学生对除性生理之外的性心理、性健康、性道德和性侵害等知之甚少。

根据教育部发布的《中小学公共安全教育指导纲要》,学校要教育学生学会应对性侵害和敲诈。《纲要》规定,4~6年级小学生、初中生和高中生要了解应对敲诈、性侵害的一般方法,学会应对敲诈、性侵害的基本技能和预防性侵害。因此,要避免悲剧再次发生,不仅要让女学生接受相关方面知识的教育,还要让她们学会如何进行自我保护和在困境中生存。一方面,要培养她们的自救能力,教给她们怎样面对强暴、如何在紧急情况下逃生等具体行为方法;另一方面,还要培养她们的自我防范能力,教会她们如何辨别好人坏人、如何快速应对突发事件、怎样进行自我控制等方面的具体知识和行为能力;同时,注意培养她们的意志力,要通过给她们宣传自主自救的典型人物、典型事例,让她们掌握一定的自救方法和技巧,以增强其生存能力。

可以看出,当前出现的触目惊心的生存危机,主要是由于我国生存教育长期缺位。传统教育偏重于发展未成年人的认知能力,对未成年人生命的保护力度不够,缺乏对他们生命状态的积极关注和对生命价值的深刻认识。于是,一方面未成年人积极生存教育内容缺乏,安全教育也处于片面强调成年人对他们进行被动保护的状态,少有对他们生命个体抵抗生存压力、战胜困难和冒险的主动性引导教育;另一方面教师教育观念滞后,教育成人化的倾向严重,往往忽略未成年人生命个体对积极生存、安全自护知识的需求,未能将未成年人生存教育提高到人文素质、人文精神的培养层面上来认识,造成未成年人生存能力低下。此外,家长在安全教育上也有问题。由于家长片面追求孩子智力发展,忽视孩子生存需求,对孩子溺爱有加,造成孩子娇气重,生存依赖性大,面对危险勇敢精神少,缺乏积极主动的社会交往能力。

严峻的现实让我们谨记:先有生命的存在而后才有教育,学会生存应该是教育的第一要义，几代人生存教育的淡化和自我生存能力的普遍低下是最可怕的,因为它所带来的生存危机直接关系到孩子们生命的安危,关系到社会发展的未来。

二、强化生存意识

人要在世界上生活,离不开生存,人的生命存在的基础,也还是生存,只有生存着的人,才能成为一切的可能,而人要生存下去,就必须强化其生存意识。在当今这样一个快速发展的时代,人类已经不是仅仅为生存而生存,人类的生存还有更多的内涵和更高的层次，是否具有健康的生存意识直接关系着人的生存方式和价值追求。人类的发展与人类的生存意识密切相连,正是人类对生存的追求,才造就了人类的发展、历史的进步,也才有了我们灿烂辉煌的今天。

(一)要有正确的生命意识

要学会生存,我们首先要有正确的生命意识。何谓正确的生命意识?生命意识是指每一个现存的生命个体对自己生命的自觉认识，其中包括生存意识、安全意识和死亡意识等。我们一定要从根本上意识到:生命并非仅仅属于个人,生命本身也有着多层涵义,人的生命有着三重性,即亲缘性血缘生命、人际性社会生命和超越性的精神生命。一个人要有正确的生命意识,就必须正确认识人的生命的三重性,既要珍惜自我和他人的生理生命,还要把生命由此上升到精神境界,才能体现出生命的真正价值和本质。因此不极端行事，不自暴自弃，不伤害他人的生命，是有健康生命意识的具体体现。当一个人充满了对生命的关怀与尊重时，自然会对他人和自己的生命产生敬畏之情，从而热爱生命，以爱心去保护生命、经营生命，以乐观心态去欣赏生命，以谨慎的态度对待生命。

2009 年 5 月 7 日，杭州富家子飙车撞死大学生事件引起了全社会的高度关注。一名在读大学生，开车撞死了一名刚刚毕业的大学生；一个丧失了生命，一个锒铛入狱。如此惨痛的教训，怎能不令人唏嘘感叹。虽然肇事者得到了严惩，但是要从根本上避免或者说减少此类悲剧的发生，则应该加强对行为人的生命教育，培养他们的健康生命意识。一个正在接受高等教育的年轻人，为何能够在闹市区的大街上开车狂飙？难道他不知道这样可能会危及他人的生命？说到底，还是肇事者从内心里就缺少生命安全的意识，缺乏对他人生命权利的基本尊重。而这种缺失，正是教育的缺失。我们扪心自问：不管是在家庭还是在学校，什么时候真正把生命教育当作一回

2009 年 5 月 7 日杭州富家子飙车撞死大学生事件引起了全社会的高度关注。图为事故模拟图。

事了？正是在家庭和学校对生命教育的双重缺失之下，才使我们的孩子从心底里没有正确的生命意识，才会轻率地对待自己的生命，同时任意草菅别人的生命。生命是我们自己的吗？是的，生命当然是我们自己的，但同时也是父母、兄弟姐妹、亲朋好友的，也许我们所拥有的更多只是生命的使用权而已。因此，人不能仅仅为自己而活，还应该考虑到家人、朋友及周遭人的感受。

我们要珍爱生命，而且无论何时何地，都不能轻易地放弃生命。2009年发生在贵州的一次矿难为我们诠释了生命的可贵，正是矿工们自己这种强烈的生存意识，才创造了医学都无法解释的生命奇迹。

2009年7月12日12时，历经25天、604小时的生死大营救后，贵州晴隆新桥煤矿“6·17”透水事故中被困的矿工王圈杰、王矿委、赵卫星奇迹般生还。被救出时，三人仍能说话，生命体征平稳。一般而言，人靠水生存最多能维持3~7天，而他们居然达到25天，明显超越了人体生理和心理的极限，这样的奇迹真是不可思议。是什么力量让这三个平凡的矿工能够超越人体生理和心理的极限，创造生命的奇迹呢？一些专家试图探询这个奇迹背后的医学解释，但也无法作出符合正常逻辑的结论。据现场救援人员介绍说，三名生还矿工很有经验，被困井下后，先把矿灯关闭以保存电量，相信一定会有人前来营救。一般的矿灯使用8小时就没电了，但到他们被救时，手里的矿灯还是亮的。事后三名矿工描述，被困后他们始终坚信，政府不会不管他们。也正是在这个信念的支撑下，他们保持平稳的心态，靠喝巷道上的渗水维持生命，最终获救。所以，与其说是矿工们的经验救了他们，还不如说是生存意志促使奇迹发生，正是因为他们有这样强烈的生存意识，才可以凭借自己的经验生还，创造生命的奇迹。

“生命意识教育”是美国20世纪60年代针对青少年吸毒、自杀、他杀、性侵害等现象高发而提出的，其内涵是倡导认识生命、珍惜生命、尊重生命、爱护生命、享受生命、超越生命，提升生命质量，创造生命价值。学生缺少生命关怀，就无法形成正确的生死观念，也就缺乏正确的生命意识。自然界一切生物都具有生命，在万物进化过程中，人类走在了前面，成为世界的主宰。但是，每当我们回望或走近自然的时候都会感到震惊，自然界的生命是如此顽强，无论周围环境多么恶劣，只要有一丝生命的土壤，它们就能顽强地生存下去。人们从这些自然生物顽强的生命力中获取人类自己生命的意义，从而更加积极地投入到生活中去，使自己的生命更加辉煌灿烂。生命意识就是人的生命为了适应自身生存和发展的需要，依据先天的基因，加上后天的教化而形成的具有对客观事物进行解读、摄取、表现和改造的潜在能量的灵智和欲求。珍惜生命，用自己有限的生命为社会作出最大的贡献，这就是正确的生命观。

（二）要有正确的生活态度

生活态度是人们对待生活所持有的观念。每个人都有自己的生活态度，但树立正确的生活态度对于我们的人生有着非常重要的帮助。一个人的生活态度与他所处的环境（家庭环境、自然环境和社会环境）、所接受的教育及自身的素养、个性以及人生观、价值观等很多因素都有必然的联系。树立良好的生活态度，不但可以丰富我们的生活情趣，获得快乐的生活体验，还可以让我们积极地生活，坦然面对生活中可能出现的困难，积极乐观地迎接人生的各种挑战，战胜自己，使自己更好地生存。

比如，海伦·凯勒自两岁起就生活在黑暗的世界里，但她从不为自己身处逆境而气馁、烦恼，反而感恩生活，善待生命，充满自信力，与命运挑战。她在《假如给我三天光明》一文中所表现出来的乐观心态，唤醒了人们的心灵，也给了她自己无限的光明、希望和快乐，使她重获新的生命。虽说她看不到光明，但因为她“感恩生活，善待生命”，她的内心总是一个光明的世界！

人物链接：海伦·凯勒

海伦·凯勒（1880—1968），19世纪美国盲聋女作家、教育家、慈善家、社会活动家。她以自强不息的顽强毅力，在安妮·莎莉文老师的帮助下，掌握了英、法、德等五国语言，完成了她的一系列著作，并致力于为残疾人造福，建立慈善机构。他被美国《时代周刊》评为美国十大英雄偶像，荣获“总统自由勋章”等奖项。其主要著作有《假如给我三天光明》《我的生活》《我的老师》等。

曾记得“5·12”汶川特大地震中，薛枭被埋80小时后，在人们要将他抬上救护车时，他对在场的救援人员说：“叔叔，帮我拿瓶可乐。要冰冻的。”现场的救援人员都被这句话逗乐了，也“逗乐了悲伤的中国”。这名在地震中永远失去右臂的17岁少年，用这一简单而乐观的要求，通过镜头感动了整个中国，给沉浸在悲恸中的中国人民带来了欢乐和笑声，表达了中国人民乐观向上的精神风貌。他表达了伟大的中国人民在面对生活中的不如意时，总是很乐观、很积极，永远热爱生活！

事实证明,积极的心态可以让我们在遇到危险时“化危为机”,消极的心态在我们遇到挫折时“遇危必险”。只要我们学会“化危为机”,只要我们抱着积极的心态去接受,在生活中不断进步,不断努力,就能跨过一道又一道坎,使自己生活得更美好,获取更多的生存力量。

研究数据显示,癌症治疗效果较好的人,基本上都有着较为积极的生活态度。这些有正确生活态度的癌症患者,在面对绝症时没有被吓倒,反而以更加乐观的心态来调整自己,积极配合医生的治疗,他们不但没有在医学判定的时间内死亡,病情反而减轻。是什么原因让他们的生命比预计的时间更长呢?研究证明:正确的生活态度创造了更高层次的精神世界,延长了他们的生存时间,拓展了他们的人生宽度。

实践证明,一个具有正确生活态度的人,能够感受到生活中的美好,抓住生活中积极向上的一面,在使自己快乐的同时也能给周围的人带来快乐,正确的生活态度是调节人际关系的润滑剂,是我们身心健康不可缺少的因素,可以适应现代社会紧张的学习、工作、生活,使人际关系变得自然、和谐。所以,具有正确生活态度的人,总能有很好的心情,也总是受到人们的欢迎和喜爱,享受到更多的生活情趣,从而能够改善自己的生存条件。

(三)要有战胜困难的生存勇气

《鲁滨孙漂流记》是一部世界名著,讲述了从小喜欢航海的英国青年鲁滨孙三次离家旅行的经历。在一次去往非洲途中,航船在太平洋上遇险,船上的人都葬身海底,他却凭借个人的毅力,漂流到一座荒岛上,奇迹般地活了下来,后来在岛上生活了28年。他从绝望的缝隙中得到了生命的启示,凭着惊人的毅力和顽强不息地劳动，盖起了房子，收获谷物，驯养山羊，用兽皮制作衣物，终于战胜了自然，改善了生活环境，在极端困难的环境下生存了下来，成为战胜困难而获得生存的精神象征。我们可能终生也遇不到那样的情境，但“学会生存”所需要的生存勇气却是我们每个人都需要面对的人生课题。

人生难免会遇到困难，在面对困难的时候，不仅要看到困难本身，还要有战胜困难的勇气。有多少困难存在，就有多少希望存在；有多少问题存在，就有多少潜力存在。我们只有超越困难，才能获得成功。

英国青年鲁滨孙在一次去往非洲途中，航船在太平洋上遇险，他却凭借个人的毅力，漂流到一座荒岛上，奇迹般地活了下来，后来在岛上生活了28年。

海明威曾说：“人可以被毁灭，但不能被打败。”一个人要想成就一番事业，就必须具有一种能够战胜困难的生存勇气，在逆境中永不屈服，永不放弃，在困苦中不忘坚守自己的信念，顽强拼搏，默默耕耘，把追求人生辉煌作为自己的人生使命。

人物链接：海明威

欧内斯特·米勒尔·海明威（1899—1961），美国小说家，出生于美国伊利诺伊州芝加哥市郊区的奥克帕克，晚年在爱达荷州凯彻姆的家中自杀身亡。代表作有《老人与海》《太阳照样升起》《永别了，武器》《丧钟为谁而鸣》等，凭借《老人与海》获得1953年普利策奖及1954年诺贝尔文学奖。海明威被誉为美利坚民族的精神丰碑，并且是“新闻体”小说的创始人。海明威的写作风格以简洁著称，对美国文学及20世纪文学的发展有极深远的影响。

（四）要有创新的生存理念

创新是一个民族进步的灵魂，是一个国家兴旺发达的不竭动力，也是个人立足社会、获得自身长久发展的重要保证。在日新月异的现代社会，创新意识与创新能力已经成为社会与个人进步的首要因素，同时也是我们生存的重要理念。

有人曾对全世界的企业做过一项调查显示，从100年前到今天，能够生存下来并成为世界公认的名牌企业，其经营取胜的秘诀不是拥有最低价格的产品，而是企业领导者所具有的永不枯竭的创新意识。

“长大后，我也要设计飞机。”这是获得被誉为中国青年最高奖的“中国青年五四奖章标兵”的南京航空航天大学2007级博士研究生胡铃心儿时的

胡铃心儿时就积极投身航天科技发明创造，先后六次获得国家级科技竞赛最高奖，中学阶段就有三项发明获得国家专利，被誉为“中国的小爱迪生”。

梦想。为了实现梦想，他积极投身航天科技发明创造，先后六次获得国家级科技竞赛最高奖，中学阶段就有三项发明获得国家专利，被誉为“中国的小爱迪生”。几年来，胡铃心带领着自己的团队凭借着“创新永无止境”的意识，相继研制成功了微型扑翼飞行器和新概念无人直升机，分别获得了第八届、第九届“挑战杯”全国大学生课外学术科技作品竞赛特等奖和一等奖。胡铃心还坚持探索如何能将高校校园里的科技成果转化为生产力，他组建了南航迅杰创业团队，不断创新，并最终获得了第四届“挑战杯”中国大学生创业计划竞赛的金奖。他设计的“多面手太空线缆系统”在美国海茵莱茵基金会举办的“飞向未来——国际太空探索创新竞赛”中获得第一名。时任国务院总理的温家宝，鼓励他要再接再厉，沿着创新的道路继续努力。

人物链接：爱迪生

托马斯·阿尔瓦·爱迪生(1847—1931)，美国电工学家、企业家，拥有众多重要的发明专利。被传媒授予“门洛帕克的奇才”称号的他，是历史上第一个利用大量生产原则和工业研究实验室来生产发明专利的人。他拥有超过2000项发明，包括对世界极大影响的留声机、电影摄影机、钨丝灯泡等。在美国，爱迪生名下拥有1093项专利，而他在美国、英国、法国、德国等地的专利数累计超过1500项。1892年，爱迪生创办通用电气公司。他是有史以来最伟大的发明家，迄今为止，在世界上也没有一个人打破由他所创造的专利数世界纪录。

胡铃心的成功不是偶然的，而是来自于他一以贯之的强烈创新意识与创新能力。据说，胡铃心从小就有许多奇思妙想，他15次获得全国、省、市科技比赛发明奖，拥有三项国家实用新型专利，被评为“福建省首届小科学家”、“福建省三好学生”、“全国发明创造之星”。胡铃心对航空创新所作出的贡献，也使得我国“飞豹”歼击轰炸机总设计师陈一坚院士对他欣赏有加，并把签有自己名字的“飞豹”歼击轰炸机模型赠送给他，勉励其不断进取。而正是因为具有创新意识，他才被南京航空航天大学破格录取，受到该校在航空航天领域的顶尖教育，从而为自己更好地生存和发展打下了基础。

由胡铃心的成功之路可以看出，创新是人生发展的动力，也是社会进步的重要源泉。青少年是社会发展的基本力量，他们的创新意识和创新能力，既能够改变他们的生存条件，也能促进社会的进步。因此，我们要大力发扬创新精神，鼓励创新，在全社会营造创新的良好氛围，使每个人都能认识到创新的作用，使创新成为整个社会的生存理念。

因此，任何事业的成功都属于具有创新意识的人。在现代竞争日益激烈的社会，只有具有创新意识，才能在竞争中脱颖而出；只有具有创新意识才能弥补不足，才能不断增强自我发展优势，在竞争中立于不败之地；只有创新意识才能创造辉煌的业绩，为自己获取更多、更好的生存机会。

当今世界，人类社会已步入一个各种创新不断涌现的时代。时代的发展要求人们要把创新当做进步的生存理念，把创新融入社会的发展当中。创新改变着我们的生活，创新是最大的财富产生者，只有创新才能生存，只有创新才能更好地生存，创新已经成为现代社会条件下一种必备的生存理念。

三、培养生存能力

如果遇到火灾，要不要往电梯里逃？如果遇到大水，等待别人来营救时自己该怎么做？生存能力是我们能够在社会中生存的各种能力的综合体现。人是社会发展的产物，人不能离开社会而单独生存，因此，具备一定的生存能力是一个人能够在社会中生存下去的重要保证。在这个竞争日益激烈、各种事故频发的社会，掌握人生必备的生存能力是非常重要的。当前由于教育的缺位及家长的溺爱等原因，学生的生存能力普遍较弱，因此，我们有必要把生存能力的培养当做个人能够生存的基础，作为教育的核心目标之一。

(一)学习能力

学习能力是作为人的第一要务,也是人能够生存的第一要务。我们的各种知识和观念都是从学习中得来。人类社会的发展史，无一不是先进行学习、后才能生存的历史。当今时代是一个飞速发展的时代。在近一百年的时间里,人类的发明创造远远超过了过去几万年的总和。面对科学技术的迅猛发展、信息与知识的爆炸、知识更新周期的缩短、创新频率的加快趋势,不加强学习就难以跟上形势的发展,因此,我们认为学习能力是我们立足社会生存下去的第一要素。

当今社会是一个学习的社会。然而仅仅需要学习、愿意学习还远远不够,还必须学会学习。学会学习意味着人们知道从哪儿能很快地、准确地找到不知道的东西,它通过一个不断支持的过程来发挥人类的潜能,它激励并使人们有权利去获得他们终身所需要的全部知识、价值、技能与理解,并在任何任务、情况和环境中有信心、有创造性和愉快地应用它们。一个人学会了学习,他就获得了终身受益的技能。

1994 年,在罗马召开的首届全球终身学习大会上,欧洲终身学习促进会为会议准备的报告提出了一个重要的观点:“终身学习是 21 世纪的生存概念。”“学会生存”首要的是“学会学习”,具备学习的能力无疑是顺利进入现代化世界的敲门砖。学习能力的形成,将给予我们自由广阔的翱翔空间,将是我们生活乐趣的来源和个人实现理想的武器。掌握学习的能力,才能具备高度文明,才能欣赏或享受人类丰富的精神文明成果,才能提高生活质量,更好地生存。

在21世纪，“学会生存”就要把学习当做一种生活方式，树立终身学习的观念。而当学习成为一种生活方式时，我们还要学会学习。“学会学习”是“学会生存”的前提。学习一般有两种类型：一种是维持性学习，它的功能在于获得已有的知识、经验，以提高解决当前已经发生问题的能力；另一种是创新性学习，它的功能在于通过学习提高一个人发现、吸收新信息和发现并解决新问题的能力，以迎接和处理未来社会日新月异的变化。而要想在现代社会竞争中取胜，仅仅抓住眼下时机，仅仅适应当前的社会是远远不够的，还必须把握未来发展的时机。因此，发现和创造新知识的能力是引导现代社会发展的关键。为了自我的终身学习和创造活动，我们的教育重点必须从“学会”走向“会学”，即培养一种创新性学习能力。

学习能力在当前还要转变一种观念，即由拥有文凭向拥有能力转变。文凭和学历是靠勤奋学习得来的，表明了一个人受教育的

学会学习，学会生存，核心就是要在全社会树立终身学习的观念，让学习成为21世纪的生活方式，养成处处学习、时时学习的习惯

程度,但这并不意味着有文凭就有水平、有学历就有能力。随着时代发展和社会进步,新事物、新情况层出不穷,新知识、新技术不断出现,要求人们必须开阔视野,更新观念,学习新知识,掌握新本领,以适应时代发展的要求。一个拥有较高文凭和学历的人,如果停滞不前,也会落伍,难以跟上潮流、胜任工作、获得进步。反之,一些没有较高文凭和学历的人通过勤奋学习,同样可以获得丰富的知识和很强的能力,成为出类拔萃的人才。学会学习,学会生存,核心就是要在全社会树立终身学习的观念,让学习成为21世纪的生活方式,养成处处学习、时时学习的习惯。21世纪,学会生存必须首先学会学习,具备良好学习能力的人,才能获得真正的生存能力。

(二)生活能力

生活能力是人生存的基本能力之一。好的生活习惯不仅关系到学生的身体健康,而且关系到对学生的自信心、意志品质、交往能力等方面的培养。

由于家长长期娇生惯养、溺爱,造成青少年从小就过着饭来张口、衣来伸手的生活,家长不在身边时就无法生活。这个提案里还说,一份调查报告称,在我国18岁以下的青少年中,大约有17%的人受到各种情绪障碍和行为问题的困扰,突出表现在人际关系、情绪稳定性和学习适应性等方面。此外,还有不少人难以应对逆境,在受到打击,或者不如意时不知该怎么办,有的竟然做出极端的举动,甚至自杀。部分中国孩子的生活能力很低已经是举世皆知的事,一个重要的原因可能在于父母没能给孩子学习的机会。以中国人的传统价值观而论,多数父母对待子女会采取宠溺的态度,再者受到“会念书才有出息”的观念影响，许多父母会认为，孩子只要把书念好就行，生活琐事自然由长辈代劳。在父母们的周到服务、严密保护中，孩子的自主行为大大减少，生活能力越来越差，对成年人的依赖性越来越强。有的父母，当孩子遇到困难时，不是鼓励其通过自己的努力去克服，而是无原则地包办代替，将困难、问题一一代劳排除，让孩子不费脑筋地步入坦途，在孩子成长的道路上起了拐杖作用，而孩子一旦离开了这根拐杖，便寸步难行。

而动物们的生活能力正与我们人类相反，因为生存危机时刻考验着它们的生活能力。长颈鹿胎儿从母亲的子宫里刚掉出来时，长颈鹿母亲就做出最不合常理的事——她抬起长长的腿，踢向她的孩子，让她翻个跟头后，四肢摊开。如果小长颈鹿不能站起身，这个“残暴”的动作就将被长颈鹿妈妈不断地重复，直到小长颈鹿终于第一次靠它颤抖的双腿站起身来。因为在荒野中，小长颈鹿必须能够以最快的速度站起来，以使自己不与鹿群脱离，在鹿群里它才是安全的。狮子、土狼等野兽都喜欢猎食小长颈鹿，如果长颈鹿母亲不教会它的孩子尽快站起来，与大部队保持一致，那么，它就会成为这些野兽的猎物。而我们人类的母亲却不是这样，从孩子一出生就开始溺爱，尽可能地让自己的孩子在一个舒适的环境下成长，这些孩子长大后也许就应付不了这个竞争激烈的时代，成为温室里的花朵，经不起风吹雨打。

为了培养学生良好的生活能力，养成良好的生活习惯，家长要摆脱那种以学习成绩好坏作为衡量子女优劣的唯一标准的做法，转变成才观念，培养孩子的生活自理能力，切莫明知误人而为之。学校应该将生活能力的培养纳入教育课程，转变应试教育观念，让孩子在快乐中学习，在学习中接受生活教育。

（三）自救能力

18岁的约翰·汤姆森，是一位美国高中学生。他独自在父亲的农场里干活操作机器时，两只手臂不慎被机器切断。汤姆森忍着剧痛跑到一座房子里，用牙齿打开门闩，爬到了电话机旁边，但是无法拨电话号码。于是，他用嘴咬住一支铅笔，一下一下地拨动，终于拨通了他表兄的电话，他表兄马上通知了附近有关部门。一所医院为汤姆森进行了断肢再植手术，他住了一个半月的医院后，便康复回到自己的家里。

人们除了佩服汤姆森的勇气和忍耐力外，更多的应该是赞赏他的这种自救能力。应该说汤姆森的行为并不伟大，但他的这种自救能力是值得所有青少年学习的，而这种自救能力正是我们现代社会生存所需要的。

不论是对天灾还是对人祸，掌握一定的防护知识，对减少或避免灾祸造成的伤害都是十分必要的。1994年9月6日发生在台湾海峡的7.4级地震，波及福建、广东、台湾三省，受灾人数达千万之多。福建几所学校的学生因跳楼或踩塌楼梯而致多人受伤，而东山县实验小学因为传授过地震知识和应急常识，采取了相应的措施，无一人受伤。

近年来，中小学校的交通事故、食物中毒、溺水、性侵害等各类安全事故不时发生，引起社会的极大关注。一项抽样调查表明，意外伤害已成为威胁中国14岁以下儿童人身安全的重要因素，如果具备了必要的安全知识，其中很多意外伤害事故完全可以预防和避免。例如黑龙江发生的一场校园惨剧中，105名学生遇难，这次灾难的发生虽然有其客观原因，但学生在灾害面前惊慌失措、缺乏自救能力也是酿成重大伤亡的一个重要原因。

在现实生活中，由于没有对孩子从小进行专项应急教育和培训，导致孩子在遭遇突发事件时频频出现缺乏应急机智、自救能力不强的尴尬场面，有时甚至造成小灾酿大祸的悲剧

在人们的日常生活中，诸如交通事故、火灾、溺水、触电、爆炸、性侵害等各种各样的意外事件并不少见。许多意外伤害事件的发生都告诉我们迫切需要让青少年从小学习安全逃生知识，掌握应急生存本领和增强自我防护能力。然而，在现实生活中，由于没有对孩子从小进行专项应急教育和培训，导致孩子在遭遇突发事件时频频出现缺乏应急机智、自救能力不强的尴尬场面，有时甚至

造成小灾酿大祸的悲剧。这种现象不能不说与孩子生存教育的缺失有着必然联系。

生活中的各种灾难，使成千上万的人受到伤害甚至失去生命，一些幸免于难者的遭遇更让人受到深刻的启发，更引起了人们对生存教育的反思。目前，世界各国的相关部门每年都花费很大的精力，通过各种各样的途径提高人们的灾难意识和自救能力，我们也应通过实实在在的行动，通过持之以恒的教育来尽快培育公众的自救意识。教育部门要在教学实践中增加中小学生自救知识方面的内容，使孩子们了解生存自救知识和必要的生活常识，适当为孩子学习生存自救知识提供机会，学校也可以根据相关主题，进行一系列有趣味的“生存自救”活动，包括防范侵扰、自然灾害、居家安全、网络安全、水上安全、火灾逃生以及航空、旅游安全等多方面内容。家长让孩子认识到身边危险无处不在，从小就有意识地给孩子讲些安全知识和自救常识，并教给孩子学会一些自防自救的办法，能使他们在关键时刻脱离危险，保护自己，增强孩子的安全感，尽可能满足孩子生存自救的求知欲，提升他们的生存自救能力。

（四）生存技能

我们评判一个人的能力，不仅要考核他的智能，而且还要看他的实际技能。一个智商很高的人，如果没有实际操作能力，那么他可能解决不了任何实际问题，在当今社会，技能变得越来越重要，已经成为人们就业和创业的重要资本。正因为如此，有关科学家和教育家认为：“21世纪教育的一个重要原则是：学校传授给下一代的将不只是知识，更重要的是技能。”美国是一个名副其实的教育大国，不仅十分重视培养学生的创新精神，而且还重视技能的培养。为了培养未来的新劳动力，使工业不断进步，美国早在1989年就制订了一个宏大的“2061教改计划”。这项计划的主要目的是帮助学生掌握未来工作和生活必需的技能，大力提升学生的生存能力。

为了民族复兴，使学生在未来的职业竞争中能够生存下去，我们必须加强对学生生存技能的培养，使之成为真正具有生存技能的人。我们历来在人才问题上存在一个很大的误区，就是认为只有上了大学才是人才。结果是不读本科不罢休，对培养“蓝领”的职业学校则不屑一顾。而为了满足“千军万马”上本科的需求，不少地方又纷纷将原来的专科学校升格成本科院校。需求与供给都纠缠在“白领情结”中出不来，结果是推波助澜，加剧了人才结构的失衡。于是在“蓝领热”的同时，不少大学毕业生成了高不成低不就的“鸡肋”。

“蓝领”热得烫手，“白领”一职难求，是市场人才需求失衡的客观反映——即使没有金融危机，人才结构失衡也已露出端倪。所以，目前的文凭社会、学历社会，最终将会被能力社会、资格社会所取代。温家宝在常州一家职业学校考察时，鼓励学生：懂知识、会技能，学会生存。温家宝的话语重心长，绝不只是对职业学校学生说的，所有学校及其办学者都要听懂他的这四个字——学会生存。你如果不能教给学生学会生存的本领，你的教育就是不成功的。

当然，适应未来社会发展的生存技能还远远不止这些，而且特殊职业还需要特殊的专业技能。但是，对于绝大多数人来说，如果通晓了做人的道理，具有创新的能力，掌握了上述的生存技能，那么，他们就不仅仅是一个适应社会的生存者，而且会是一个对社会发展有较大贡献的成功者。

四、学会生存的途径与方法

学会生存需要进行生存教育。生存教育就是通过开展一系列与生命保护和社会生存有关的教育活动和社会实践活动，向受教育者系统传授生存的知识和经验，有目的、有计划地培养学生的生存意识、生存能力和生存态度，树立科学的生存价值观，从而促进个性自由全面健康发展，实现人与自然的和谐统一的过程。

自 1972 年联合国教科文组织发表《学会生存》一书以来，许多国家的教育工作者注意到学生的生存质量以及学生阶段的生存素质对未来社会的影响，纷纷开展了各种形式的学会生存教育活动。1996 年，联合国教科文组织又提出了现代人素质的四项基本要求，即学会求知、学会做事、学会共处、学会生存，而学会生存又是其中的根本目标。正如《学会生存在中国》一书所说："有生命的存在而后有教育，学会生存实在是教育的第一要义。"因此，给孩子补上"学会生存"这一课刻不容缓。

（一）学校中的生存教育

学校是生存教育的主要场所。学生能获取的生存知识绝大部分来自学校，学校应该将生存教育纳入学校教学计划之中。学校必须改革现有课程体系、教学方法、评价制度，开设生存教育知识与训练课程，既要重视相关知识的教育，又要贯彻到实践能力的锻炼之中。要通过素质教育评价制度的建立，使学生和教师认识到，做到“四个学会”，才能从根本上摆脱高分低能，适应社会环境变化，这样的学生才能立足和造福社会，成为一个真正有用的人才。

学校将生存教育纳入日常教学的做法，在许多国家已非常普及了。日本是一个多灾国家，防地震、防火或防原子弹的演习，差不多每月都有一次；在美国，学校也有专门课程教给学生遇到地震、洪水的应急措施，而且十分具体，还有的学校安排空手道，甚至中国武术课以备防身；英国一些校园安全组织针对年龄较大的学生成立了专门的防身培训班和防强奸研究中心。而我们在保健体育课上，却很少有这些实用的训练，以至于发生意外时，学生往往手足无措，连简单的包扎伤口都不会，更不用说有不少人因不懂基本常识而酿成大错了。因此，把生存教育列为中小学生的必修课，提高学生的综合素质，既关系到提高孩子的生存能力，又关系到家庭幸福和社会稳定。

学校要将学会生存教育渗透到各学科教学中。小学的语文、体育、科学、心理健康教育、品德与社会等学科，初中的语文、科学、思想品德、历史与社会、体育与健康等学科，高中的语文、思想政治、社会、体育与健康、历史等学科，都是生存教育的显性课程。要在这些学科的教学中增强生存教育意识，挖掘显性和隐含的生存教育内容，分层次、分阶段，适时、适量、适度地对学生进行生动活泼的生存教育。

为提高学会生存教育的效果，教学形式还要生动活泼。如利用广播、黑板报、班会课等形式开展“学会生存，珍爱生命”的主题教育活动，引导学生形成积极的生活态度，提高学生学会生存的意识。组织学生观看有关电影、写观后感，组织知识竞赛、征文比赛、小发明、玩游戏等，激发学生学习兴趣。

同时，积极利用互联网上的丰富资源，建立学会生存网站，进行宣传教育。

学校还可以邀请公安消防部门人员来学校给学生讲解防灾知识，开展各种形式的课外活动，带学生到野外进行实地考察，让学生通过亲身体验，锻炼自己生存的实际能力。

(二)家庭的生存教育

家庭在对孩子开展生存教育过程中的作用也不容忽视。家庭是孩子生活的主要场所，父母是孩子的第一任老师，家庭教育对孩子的影响重大。家长要经常教育孩子要有自我保护意识，鼓励孩子学习安全知识，使他们在遇到意外情况时不慌乱，能够从容地避开伤害，寻求保护。如从小要教育孩子能说出父母的姓名、工作单位，熟记家庭地址、电话号码，会拨电话，会正确使用家里的水、电、煤气、电器等设备，怎样与陌生人打交道等，多设想一些意外情况出现后该怎么办。父母还可以带孩子外出，让孩子在外出旅行的过程中开阔眼界，锻炼毅力、体

随着孩子年龄的增长，还要不断地扩大孩子的自防自卫知识面，从而使他们的生存能力与日俱。

能、社交能力。

父母可以通过对孩子实行有偿家务的形式，培养孩子的理财能力，还可以在确保安全的前提下让孩子通过自己亲身体验危险的途径，告诉他危险的后果和正确避开危险的方法。随着孩子年龄的增长，还要不断地扩大孩子的自防自卫知识面，从而使他们的生存能力与日俱增。家长还要多给孩子宣传自主自救的典型事例，如美国6岁小孩拨火警电话救护心脏病突发的母亲，奥地利伤残断臂儿童咬住铅笔拨电话自救，中国古代7岁的司马光举石砸缸救人，中国深圳8岁的袁媛挽救了煤气中毒的父母等，让孩子从他们身上体会精神、掌握方法，从而增强其强烈的生存意念和提高其生存智慧。

（三）社会生存训练

现在的学生都生活在高楼大厦中，生活安逸舒适，缺乏在艰苦环境中生存生活的能力，通过野外生存生活训练可以让学生提高抗挫折能力，提高拼搏精神、协作意识。当有意外伤害来临之时，自我救助是生存下去的最后“救命稻草”。

据了解，“社会生存训练”是通过把孩子放在一个完全陌生的地方，让孩子在没有资金、没有外界援助的情况下独立生存，并且完成一系列挑战，通过自身劳动赚取一日三餐，体验并感受生活的艰辛，接受社会严峻的生存考验，并通过专业教练的引导培养孩子感恩的心态及换位思考的意识，让其理解父母、感激父母，进而激发学习动力。社会生存训练是一个全新的、有很大挑战性的活动。这项活动的开展，有利于增强学生学习动力，磨炼意志、克服懒惰、增强自信、克服学习成长中的困难，建立爱心、责任、奉献、承诺、活在当下、全身投入、结果导向等积极健康的思维方式，解决学生内心深处问题。

最近几年来，全国许多大中学校纷纷开展了异地生存的生存训练活动，虽然这项活动的内容与过程还有待于改进，但学生们在生存训练中用心体会生活，明白了生活的艰辛，培养了吃苦耐劳的精神，对他们生存能力的提升还是具有相当的现实作用。

目前除了这样的社会生存训练外，还有一种野外生存训练也正在积极地开展。如 2002 年 7 月，上海交通大学等 7 所大学组织学生进行野外生存训练，把它作为学生磨炼意志、战胜困难的非常有意义的探索与尝试。开展野外生存生活训练，是为了适应现代素质教育的要求，发展个性，陶冶情操，培养学生的创新精神和实践能力，培养吃苦耐劳、克服困难的意志，应对未来激烈的社会竞争，使学生从中学会学习、学会生存。在野外生存生活训练中，要利用各种机会培养学生的心理素质，树立信心，增强战胜困难、战胜自我的勇气。据介绍，今后不同难度层次的“野外生存生活训练”将作为高校体育必修课的选项之一，在全国各高校普遍开展。

开展野外生存训练前，要对学生进行野外生存技能的理论指导，如生火做饭、搭建帐篷、寻找食物、野外定向、野外救护等基本野外技能，注重野外训练过程中的应变能力培养，如模拟演示疾病、创伤等危难状态，帮助学生学习和实践自救、互救、紧急求助的方法。在训练过程中随时向学生进行安全教育，培养学生的创造性思维以及动手和应变能力，强化学生心理承受能力和野外生存生活能力。

在 21 世纪的今天，社会的发展和人类的进步又给我们的教育事业提出了更高的要求。学会生存是当代社会及未来世界对人的要求,未来是属于孩子的，未来的路要靠他们自己去走，未来的生活要靠他们自己去创造。因此,主动实施生存教育,让我们的孩子学会生存,是全社会的责任与义务。

第四章
生活的基本方略

第四章 生活基本方略

生命的用途并不在长短而在我们怎样利用它。许多人活的日子并不多，却活了很长久。

——蒙田

生命教育不仅关注生命本身，还关注生存能力的培养和生活品质的提升。在学会生存的基础上学会生活，以提高生活品质为目标是生命教育的重要内容之一。生活是生命之生存活动的总和。作为“万物之灵”的人类，从本质上讲是一种精神性或价值性存在，“人”的生存活动，不仅有趋乐避苦的本能活动，更有对生活意义和价值的追求。所以，生活不仅包括人在其一生中所经历的活动，还包括人在其生存过程中的感受。好的生活感受不仅在于人的环境、地位和所能享受的物质条件，更在于人对生活的理解和生活的态度。学会生活，提高生活品质，需要我们在幸福追求的引领下快乐地奋斗，懂得珍惜，学会取舍；与人为善，学会宽容；懂得感恩，学会分享；直面生活，学会坚强，这样，幸福才会常伴我们左右。

一、生活和幸福

提升生活的品质，首先要理解什么是生活，生活的目的和意义是什么。英国有句谚语："为活而吃，别为吃而活。""为活而吃"是说生存是生活的基础，"别为吃而活"是说生活不仅仅只是为了生存。不为"吃"而活，那为什么而活呢？也就是说，生活的意义究竟何在？这种追问恰恰是人的生活与动物的生存过程的本质区别。人不但要思考如何活下来，还要思考如何更好地生活，思考"为何活着"，这是人对于生命意义发自内心的追问，这种追问为人的生存夯实了根基，加足了动力。

（一）幸福是生活的目的

所有的孩子在两三岁开始能顺畅地说话的时候，都爱追问"是什么"和"为什么"。有时盘根究底，不厌其烦，有时问得大人无法回答、哑然失笑。很多专家在感叹儿童的天真的同时不禁讶异于人类原始的好奇心为什么随着年龄的增长却越来越麻木呢？

在成人的世界里，盘根究底常常会被人视为怪癖。我们匆匆而来，匆匆而去。很多时候，我们本能地生活着，或者只是被外在的世界裹挟着前行而忙碌不已，而忘了问一问自己，生活是什么？我们为什么活着？于是，我们常常抱怨活得太累、太迷茫。其实，何为幸福的生活，我们必须追问。

“生活是什么？”

一个踏实生活的人说：“生活就是吃喝拉撒睡！就是为了生存，必须干活儿！”

“生活是什么？”

一个刚失恋的人说：“生活是一出戏，曲终人散，便什么都没有了，连回忆都很多余。”

“生活是什么？”

一个为人母的人说：“生活就是柴米油盐，酸辣苦甜咸样样俱全。”

“生活是什么？”

一个为人父的人说：“生活就是奋斗。”

“生活是什么？”

一个已过七旬的老奶奶说：“傻孩子，生活就是过日子。”

也许，关于这个问题，一百个人就会有一百种答案。生活其实很简单，就是我们在这个世间的生存活动，吃喝拉撒、柴米油盐，过日子。生活却又很复杂。因为人的生存活动不同于动物，人不仅有本能的活动，还有独特的精神活动，有对生活意义和价值的追求。不同的人对生活有不同的追求、不同的感受。所以有人感叹人生如戏、百无聊赖，有人声称人生如梦、梦随境迁，有人品味生活的酸甜苦辣，回味无穷。

漫无目的的生活与动物无异。一个健全、成熟的人在意义和价值缺失的状态下，会感到空虚和迷茫，也不可能有真正愉悦的生活感受。所以，生活还需要追问为什么。

我们为什么活？有人说为了金钱，有人说为了荣誉，有人说为了出人头地，有人说为了香车、美女、帅哥、豪宅、地位、权力……

但是，为什么要金钱、荣誉、出人头地？为什么要美女、香车、豪宅……也许只有一个答案，可以让我们停止追问“为什么”，那就是“为了幸福”。幸福在所有目标中是至高无上的，其他所有目标的终点都只是通往幸福的起点。

有一个故事，是说一个富翁看见一个渔夫躺在沙滩上晒太阳，富翁对渔夫说：“你怎么不出海去打鱼，却在这里晒太阳？”

渔夫反问道：“你告诉我，出海打鱼是为了什么？”

富翁说：“为了挣钱成为富翁啊！”

渔夫再问：“成了富翁干什么？”

富翁说：“那就不用出海打鱼，可以到沙滩上晒太阳啊！”

渔夫听后笑着说：“我现在不就正在沙滩上晒太阳吗？”

所以，财富并不等于幸福。金钱、声望与其他目标都不能和幸福相比，如果它们无法带来任何幸福，没有人会去追求它们，它们都只是实现幸福的手段。就好比我们在一只小狗面前丢一根骨头和一张100万的支票，小狗会选择骨头而不是100万的支票。因为100万的支票对小狗来说没有任何意义，不能带来任何愉悦的感受。为什么人们会毫不犹豫地选择100万的支票呢？这是因为人们认为它可以带来幸福。

不可否认，钱、权等利益具有正面意义。物质上的富有的确可以帮助我们趋近幸福。财富除了可以给我们带来生活所需外，还可以给我们提供良好的教育机会，可以让我们对不喜欢做的事情说“不”，可以让我们做想做的事情,不必为了生存的需要做我们不想做的事情。但提供某种有意义的生活是对财富的运用,而不是财富本身。财富的运用既可以使人的生活变得更有意义,也有可能使生活变得更加糟糕。如果将财富视为生活的目的,坚持金钱至上就可能会导致道德堕落或犯罪,而道德堕落和犯罪从来也不会给人们带来幸福,其他类似的东西还有名誉、地位、权势等,它们与财富的性质一样,不可能成为生活的目的。这些东西只有与人的幸福这一目的联系起来才会具有意义和魅力,才能实现幸福这个终极目的。

（二）幸福的迷途

古往今来,所有的人都在不懈地追求着幸福。当今物质文明的发达也一度令我们相信我们离幸福越来越近,但我们无奈地发现"郁闷"、"无聊"、"烦"……现代人面临的诱惑太多,追逐的东西太多,而迷失了真我,所以常常被负面情绪所困扰,导致其生活品质下降。由此引发出自杀、吸毒、伤害他人等严重社会问题。究其原因,乃在于我们追逐幸福,却常常不得要领,不能把握幸福的本质。

1.幸福不等于快乐。在生活中,把快乐与幸福混淆是司空见惯的事情。追求快乐是人类的趋乐避苦的自然本性所使然,这类人把感官的快乐等同于幸福。他们总是寻找快乐而逃避痛苦。他们只是盲目地满足欲望,而从来不认真地考虑后果。

我们可以肯定,生活中若没有快乐,便不能称为幸福生活。快乐是欲望得到满足时所产生的感官上的愉悦状态,只要欲望得到满足就会产生快感。但人的需要和欲望有健康与病态之分,病态欲望的满足带来的快乐对一个人的人生来说是有害无益的。仅有感官的愉悦不能达到幸福的境地，病态的欲望更是阻碍人生完满发展的绊脚石。事实上，染上这样或那样的不良嗜好不能自拔，譬如，生活中越来越多的“瘾君子”，酒瘾、网瘾甚至毒瘾，绝大多数都与幸福生活无缘。

生活中越来越多的“瘾君子”，酒瘾、网瘾甚至毒瘾，绝大多数都与幸福生活无缘。

追求快乐是人类趋乐避苦的自然本性所驱使，而幸福是为了人生完美的发展而作的理性选择。为了未来的幸福，我们必须放弃不健康的快乐。

感官快乐是满意生活的条件，但绝不是目的。幸福与快乐的根本区别在于其是否具有目的性、意义性或价值性。幸福与对真、善、美、圣等价值追求的超越性需要的满足相联系，因此强烈而持久；快乐与一时的感官满足相联系，往往稍纵即逝，纵欲的后果往往是巨大的虚无感，甚至带来人格的扭曲。

心理学家曾经做过一项研究，付费给一些大学生，对他们的要求就是什么也不能做。他们的基本需要得到充分满足，但是禁止做任何工作。在4～8小时后这些大学生开始感到了沮丧，尽管参与研究的收入非常可观，但他们宁可放弃参与实验而选择那些压力大同时收入也不多的工作。

哲学家罗伯特·诺齐克在《无政府国家和乌托邦》一书中描述了一个假想的实验，帮助我们区分和分辨幸福以及纵欲带来的快乐。让我们想象有这样一部机器，可以让我们感到“写作一首伟大的诗篇，实现世界和平或者爱人并被人爱”的感受，或者任何我们期望的快感。这架机器可以让我们感受到真实的爱的感觉，而且我们完全不会感到是机器在工作，就像是真的一样。这里所要问的是：“如果可以的话，我们会不会选择一生都使用这部机器？”另外一种问法是：“如果一辈子都靠着这部机器，我们会不会有真正的幸福？”大部分人都不会去选择机器。原因很简单，因为我们所关心的并不只是我们内在的感受。很少有人认为只有自己的感觉才重要。幸福不只是快感，我们需要这愉悦感的来源是有意义的。

人物链接：罗伯特·诺齐克

罗伯特·诺齐克（1938—2002），美国的哲学家，哈佛大学的教授。诺齐克生于纽约的布鲁克林区，父亲是来自俄罗斯的犹太人企业家。他毕业于哥伦比亚大学、牛津大学和普林斯顿大学，并且成为了当代英语国家哲学界的主要人物，他对政治哲学、决策论和知识论都做出了重要的贡献。他最知名的著作是在1974年撰写的《无政府、国家与乌托邦》一书，当中他以自由意志主义的观点出发，反驳了约翰·罗尔斯在1971年出版的《论正义》一书。

2.幸福不等于目标的实现。说到有意义的生活时,我们经常会谈到目标。一个明确的目标可以指引我们的方向，我们的心灵就不会因为受不同的生活目标指引造成冲突而焦虑,不会因为面临诸如“鱼与熊掌不可兼得”的选择困难而备受纷扰。

生活需要目标的引领,但仅有目标也不能获得幸福。如果我们坚守着根深蒂固的错误观念:“一旦目标实现,就会幸福快乐。”那只会让我们不停地从一个目标奔向另一个目标,疲于奔命。

幸福不等于目标的实现,而是在目标的引领下享受生活的过程。我们按照幸福这一人生目的去生活、行动,生活和行动就变成充满情趣的旅行。

寻找幸福的人像在登山。

有人说，寻找幸福的人有两类。一类像在登山，他们以为人生最大的幸福在山顶，于是气喘吁吁、穷尽一生去攀登。最终却发现，他们永远登不到顶，看不到头。他们并不知道，幸福这座山原本就没有顶，没有头。另一类也像在登山，但他们并不刻意登到哪里。他们一路上走走停停，看看山景，赏赏虹霓，吹吹清风，心灵在放松中得到某种满足。

一只小狗问它的妈妈："妈妈，幸福在哪里？"

狗妈妈告诉它："幸福就在你的尾巴上。"于是，小狗就不停地追，它要追到自己的尾巴，看看幸福到底是什么样子。

可是，它发现自己怎么也追不到尾巴上的幸福，于是它便把苦恼告诉了妈妈。

狗妈妈说："孩子，不要刻意去追，只要你一直往前走，幸福就会永远跟在你的身后。"

第一类登山的人和追尾巴的小狗一样，把幸福当做终点，拼命追逐，却永远到不了顶，抓不到幸福。第二类登山的人只是追逐向前走，用心体味生活的点点滴滴，他们会发现，幸福就在他们身边。目标是获得幸福的必需品，但它并不是全部，它所带给我们在旅途上的快乐是不可缺少的。

所以，幸福一方面是人们主观上快乐的心理体验；另一方面，是人的目的性或意义实现时的一种生存状态。真正幸福的人，会在自己觉得有意义的生活方式里享受它的点点滴滴，即使有时会经历痛苦，但幸福的时光却又那么醉人。

二、懂得珍惜，学会取舍

（一）选择一个可以带来幸福的目标

人生的动力来源于我们确立的人生目标，来源于我们进行的人生选择。幸福的生活，必须选择一个可以带来快乐和意义的目标。这个目标必须是发自我们内心深处的渴望，必须是主动选择的。追求这些目标，不是因为他人觉得你应该这么做，不是因为责任感，不是为了去炫耀给任何人看，而是因为它对我们有深层的意义并且带给我们快乐。

当我们追随生命的喜悦时，我们不仅仅只是可以享受人生，也会更加享受成功。反之，如果没有一个清楚的发自内心的方向，我们很容易就会陷入漫无目的的游荡，从真我的道路上被拉开。

不仅人生目标的选择如此，日常生活中的选择也是如此。

想一想，我每天所做的事里，有哪些是我想做的，哪些是我不得不做的。有些不得不做的事情其实是无法避免的。譬如说，想要教书，但从事了教学工作之后，就必须得花很多时间改考卷。我们的挑战，不是要完全删除不得不做的事情，而是尽可能地减少它们，然后以想要做的事情取而代之。不得不做的事情和想要做的事情的比例可以决定我的幸福感。它们甚至可以决定我早上起床和夜间入睡前的心态：是满怀希望地起床，还是沮丧地想今天还有什么不得不做的事情；在入睡前，是感到充实和有成就感，还是长舒一口气说“哦，今天终于结束了”。

问问自己想做什么，什么能带给自己快乐和意义？生命很短暂，在选择道路前,先确定自己能做的事;在其中,做那些你想做的;然后再细化,找出你真正想做的;最后,把那些你真正最想做的事付诸于行动。

我们可以设定一些长期和短期的目标,并做好行动计划。长期目标应该是一些有挑战性的目标,让人发挥潜能并享受快乐的那种。譬如,作为大学生来讲,可以设定你在30岁时,想取得什么成就。短期目标则是为了实现长期目标而制定的阶段性的目标。譬如,为了在30岁时能成为一个小有名气的律师,在大学阶段应该学好法律的专业知识并拿到执业证。接下来,便是付诸于行动,给自己拟订一套学习计划,每日用几小时学习专业知识,为了未来的司法考试,每日要做多少练习,等等。

生命很短暂,在选择道路前,先确定自己能做的事;在其中,做那些你想做的;然后再细化,找出你真正想做的。

(二)学会放弃

人生的路有很多种,选择一条可以带来幸福的路,就得放弃其他的很多条路。就好像我们要坐飞机到北京,就只能选择坐到北京的飞机,就得放弃机场其他不到北京的飞机。所以,中国人常说:“舍得舍得,有舍才有得。”

有这样一个故事:一个顽皮的小孩在玩耍时,把手伸进了收藏架上摆放的一个花瓶,那是一个印着精美青花的古董。糟糕的是,当他把手收回来时,却怎么也拔不出来了。这下可急坏了家长,男孩的父亲试着帮他拔了几次都无济于事,便想到把瓶子砸碎,好让儿子的手拿出来,可是花瓶太稀有了,让大人难以取舍。

最后,小孩的父亲决定孤注一掷,再试最后一次,不行就忍痛砸瓶,毕竟救人是大事,父亲说:“孩子,你把手伸直,五指并拢,使劲往外拔,就像我这样。”

父亲边说边给儿子做撑开掌再捏紧的示范。

小孩却大叫:“爸爸,我不能那样做,如果我松开手,那枚硬币就会掉进瓶里。”

父亲哑然失笑,终于明白了儿子的手拔不出来的真正原因。一枚微不足道的硬币,差点毁了一个名贵的藏品。

这个故事把“取”与“舍”的含义诠释到了极致。如果不懂得放弃,最终会捡了芝麻,丢了西瓜。

选择与放弃,是一种心态,是一门学问,是一种智慧,是生活与人生处处需要面对的关口。昨天的放弃决定今天的选择,明天的生活取决于今天的选择。只有学会放弃的人,才能赢得精彩的生活,才能拥有海阔天空的人生境界。

(三)珍惜生命,珍惜拥有

悔恨是困扰人们最多的负面情绪之一。人对于自己所拥有的往往不珍惜，而一旦失去，就成为永远的遗憾。时常生活在悔恨和懊恼中，显然不是完满的生活状态。所以，只有珍惜生命，珍惜生活中的点点滴滴，才能更加热爱生活，享受生活，品味人生最美丽的风景。

1. 珍惜生命，珍惜时间。生命是幸福生活的载体，失去了生命也就没有幸福可言。生命是世界上最宝贵的财富，所有的财富都可以失而复得，唯有生命只有一次。对于个体而言，生命就是他在宇宙中存在的时间流。所以，要创造幸福的生活，必须珍惜生命，珍惜时间。

“5·12”四川汶川特大地震后，有一则短信广为转发：

活着真好，莫在意钱多钱少，汶川的震波，分不清你是乞丐和富豪；

活着真好，莫计较权大权小，汶川震塌的楼板，不认识你头顶着几尺官帽；

活着真好，莫为身外之物、世态炎凉烦恼，汶川的废墟，掩埋了多少豪情壮志，俗事纷扰；

活着真好，记住汶川这分分秒秒，幸存的生命，再次演绎了爱的伟大、情的崇高；请记住我在时时刻刻为你祈祷，珍惜这份情，这份爱，你会活得更好！

“活着真好！”这是汶川地震后，人们对生命最眷恋、最强烈的感叹。所有的功名利禄、世态炎凉在生命面前都显得那样灰暗、那样微不足道。我们有什么理由不珍惜自己的生命呢？

也许是受中国人三十而立的传统观念的影响，大部分学生都希望自己在30岁时事业有成。学生们都爱做游戏，尤其是课堂上，他们总是很兴奋地议论着。但每当学生们看到拿在他们手上剩下的时间时，课堂上总是有片刻突然的沉寂。是啊，100年看似漫长，但即便是20岁的青年，为未来的幸福生活奋斗的时间又有多少呢？

美国生物学家凯恩为人生算了一笔细账：以 60 岁为标准，共计 21915 天，睡眠占用 20 年，吃饭占用 6 年，娱乐玩耍占用 8 年，穿衣梳洗占用 5 年，行路、旅游、堵车占用 5 年，生病 3 年，打电话 1 年，上卫生间 1 年，闲谈 70 天，擦鼻涕 10 天，剪手脚指甲 10 天……最后剩余的时间只有 10 年！

德国人算人生也以 60 年为标准，睡觉同样是去掉 20 年，看电视、上网去掉 13 年，购物娱乐等活动、排队浪费 1 年半，交通堵塞耽误 2 年又 4 个月，打电话聊天浪费 1 年，因对方无人接电话结果又浪费 6 个月，赌博去了 1 年又 8 个月，参加竞选、投票、游行、年轻时打架斗殴、成家后家庭吵架、有小孩后骂骂孩子等丢掉 4 年又 2 个月，找东西 1 年，看乱七八糟的广告用掉 2 年，打官司浪费 3 年，上厕所 1 年……最后结果，真正用于工作学习的时间为 9 年 8 个月左右。

生命来之不易，异常珍贵。珍惜生命、敬畏生命是生命教育的基础。而珍惜生命就要珍惜时间，珍惜生活中的分分秒秒。我们不能增加生命的长度，但是可以增加生命的宽度。

2. 珍惜拥有，知足常乐。这是博客上的一个故事：

一日，下班回家的路上，我顺便给两岁多的女儿买了一个红色的竹蜻蜓。女儿高兴极了，直说谢谢妈妈，然后就蹦蹦跳跳地拿着竹蜻蜓到楼下和她的小伙伴月月一起玩去了。可刚下楼，我就听到楼下传来了哭声，赶紧下去看个究竟。原来是月月要不到女儿的竹蜻蜓，哭着吵她奶奶也要买一个。我赶上前去，劝说女儿，玩具要和小朋友一起玩，但女儿死活不肯拿出来，小手藏在后面，攥得紧紧的，似乎这个竹蜻蜓就是人间至宝。无奈之下，月月的奶奶只好去给孙女买了一个。本以为这下太平了，没想到，一会儿女儿又大哭起来。刚才还爱如至宝的竹蜻蜓此刻被扔在地上，无人问津。只见女儿的眼睛狠命地盯着月月藏在身后的手。我问她怎么了，她说，她想要月月的那个竹蜻蜓。我说你自己不是有一个竹蜻蜓吗？她委屈地说，月月的绿色竹蜻蜓比自己的好。我训斥她不讲道理，并向月月奶奶表示歉意。这时，月月奶奶笑着说："哎，小孩子嘛，就是觉得人家的东西好，月月还不是一样。"

是啊，孩子们似乎都喜欢别人的东西。有时候，技穷的妈妈们为了让挑食的孩子们吃东西，只好结成对子，把吃的东西放到对方家里，然后互相邀请孩子到对方家，这样，孩子们就会开心地吃掉妈妈们费尽苦心准备的食物了。

其实，大人们又何尝不是这样呢？现代社会，由于资讯的发达，我们在哪怕最落后的地方也能知道北京甚至是纽约的灯红酒绿，这就大大地刺激了人们的欲望。无止境的贪欲让人们常常抱怨自己不能占有更多，在无止境地追逐中焦灼万分，迷失自我，永远不满足于自己所拥有的东西。

（四）克服贪欲

学会珍惜，需要我们克服贪欲。正当欲望的满足是人们生活的基础，也是获得人生幸福的基本条件。人们都希望欲望得到满足，但欲望没有止境，是难以穷尽的，一个欲望的实现，总是伴随着另一个欲望的升起。不必要的、无穷的欲望就会转化为贪欲。但是，人们的期望永远追不上贪欲的翅膀，贪欲正变为人类幸福生活的杀手。人一旦被欲念驱使，去追求那些超出自己的体力和能力所能够承受的快乐，成为贪念的奴隶的时候，便不会得到真正的幸福。

一只老鼠跳进了米缸。缸里的米比较多，所以老鼠站在米堆上，离缸口比较近。在米的这个高度上,它刚好能跳出缸外,这只老鼠吃几口米是可以的。这时米堆的高度,就是老鼠生命的高度。它应当在这个高度上及时地跳出米缸。可是,老鼠太贪心了,舍不得这一缸的大米,一直埋头拼命地吃,它没有注意到它的肚子虽然越来越饱,缸口却是越来越高了,自己的位置越来越低了,再也跳不出那个米缸了。这只可怜的老鼠吃掉了它的生命高度,它的生命被它爱吃的大米吞噬了。

我们要想获得幸福,必须正确认识人的欲望,确定什么样的欲望是正当的、合理的,对于幸福是有益的;什么样的欲望是不正当的、不合理的,与幸福是背道而驰的。从而驾驭自己的欲望,使之沿着正确的轨道把我们引向幸福。古人说"无欲则刚",这个"无欲"不能理解为没有任何欲望,而是说舍弃贪欲,才会有自我人格的挺立,生活的品质才会提高。

在无止境的贪欲中沉沦,肚子里填满财势情欲,心中充塞财势情欲,如何挪得出闲情去呼吸江上的清风?欣赏山间的明月?其实简单的生活所需并不多,只有简单的生活,才更容易使人幸福,太贪了反而什么也得不到,所以必须学会取舍。正如慧开禅师所唱:"春有百花秋有月,夏有凉风冬有雪。若无闲事挂心头,便是人间好时节。"

三、与人为善,学会宽容

人的生命不仅包括生理生命,还包括社会生命和精神生命。人不可能脱离群体而单独存在。人际关系和社会氛围就是人们生活的生态环境,幸福的生活、社会生命的安顿必须有良好的人际关系和和谐的社会氛围。现代社会，生活的节奏空前加快，人们的流动性也日益增大。人和社会的联系也比过去任何一个时代都要密切、频繁，人与人之间的竞争比过去任何一个时代都要激烈。在这样的境况下，人与人之间、人与社会之间，各种冲撞和摩擦频繁发生，成为妨碍人们生活质量提高的重要因素。因此，生命教育必须要教人学会宽容，构建良好的人际关系，提升生活品质。

(一)君子和而不同

孔子说："君子和而不同。"就是指君子在人际交往中，有不同的意见是正常的，每个人都有自己的个性，我们不能要求千人一面。在对具体问题的看法上我们在发表自己的意见时，也要尊重对方的意见，尊重别人说话的权利；理解对方的想法，容忍对方有其独立的见解。通过交换意见、沟通思想而求得共识，从而与他人保持一种和谐友善的关系。

2008 年北京奥运会的开幕式上，"和"字的场景转换过程让人记忆犹新。一个"和"字，浓缩了中华文化的精髓。周太史史伯说："夫和实生物，同则不继。"也就是说，不同的元素协调、融合才能产生新的事物，相同的元素组合在一起则不能发展。比如烹调，必须使酸、甜、苦、辣、咸调和在一起，达到一种五味俱全、味在咸酸之外的境界，才能算是上等佳肴；比如音乐，必须将宫、商、角、徵、羽配合在一起，达到一种五音共鸣、声在宫商之外的境界，才能算是上等美乐；反之，如果好咸者一味放盐，好酸者拼命倒醋，爱宫者排斥商、角，喜商者不用羽、徵，其后果便不难设想，也不堪设想了。因此，晏婴就说："若以水济水，谁能食之？若琴瑟专一，谁能听之？"

"和"所要表达的含义就是，希望包括中华文明在内的各种不同的文明形式在同一个世界中和谐共处，共赢发展。大到国家，小到个人，良性的健康发展需要相互理解和尊重。世界是丰富多彩的，不同的地域有不同的文明，不同的个人也有不同的经历和志趣。个人的幸福、世界的和谐都离不开理解与宽容。

“宽”字的下面，是草字头和“见”，也就是说像杂草一样的看法都允许并存。“容”字是两个“人”和一个“口”，就是你说你的理，我说我的理，不妨求同存异。“宽容”都是宝盖头，可见都是宝贝，这是祖先留给我们赢得幸福生活的宝贝。宽容就是以一种谅解和包容的心态和行为去对待与自己不同的观点和意见，与自己不同的性格和志趣，甚至是别人的过错和冒犯，达到人与人的多样化的共处与合作。和谐人际关系，提升生活品质，累积积极情绪，必须能容纳不同的意见，兼容不同的观点。

（二）放下心中的仇恨袋

只要生活在社会中，就不可避免地要发生各种冲撞和摩擦。只有学会宽容，自私、狭隘、仇恨才不会充斥心灵；只有学会宽容，才能斩断冤冤相报这扯不完的长绊。没有宽容的世界，永远也不会有幸福和宁静。

古希腊神话里，有一则“仇恨袋”的故事，说的是一个威风凛凛的大力士名叫赫格利斯，从来都是所向披靡、无人能敌的，因此，他踌躇满志、春风得意，唯一的遗憾就是找不到对手。

有一天，他行走在一条狭窄的山路上，突然，一个趔趄，他险些被绊倒。他定睛一瞧，原来脚下躺着一只袋囊。他猛踢一脚，那只袋囊非但纹丝不动，反而气鼓鼓地膨胀起来。赫格利斯恼怒了，挥起拳头又朝它狠狠地一击，但它依然如故，仍迅速地膨胀着。赫格利斯暴跳如雷，拾取一根木棒朝它砸个不停，但袋囊却越胀越大，最后将整个山道都堵得严严实实。气急败坏却又无可奈何之下，赫格利斯累得躺在地上，气喘吁吁。不一会儿，一位智者走来，见此情景困惑不解。

赫格利斯懊丧地说："这个东西真可恶，存心跟我过不去，把我的路给堵死了。"

智者淡淡一笑，平静地说："朋友，它叫'仇恨袋'。当初，如果你不理会它，或者干脆绕开它，它就不会跟你过不去，也不至于把你的路给堵死了。"

人生在世，人际间的摩擦、误解乃至纠葛、恩怨总是在所难免，如果肩上扛着"仇恨袋"，心中装着"仇恨袋"，生活只会是如负重登山，举步维艰了，最后，只会堵死自己的路。

生活在社会中，人与人之间磕磕碰碰在所难免。比如，清晨起床出门，在川流不息的人流中或在十分拥挤的公车上，被人碰一下是常有的事；上学或上班之后，同学之间或同事之间，出现意见分歧发生争执也是家常便饭；亲人朋友之间的误解和摩擦也时有发生。若忍不下一时之气，就恶言相加，甚至刀枪相向，这样的人生只能昏暗无光，人生的道路也只会越走越窄。

（三）学会换位思考

有一个寓言，说的是一头小猪、一只绵羊和一头乳牛，被关在同一个畜栏里。

有一次，牧人捉住小猪，它大声号叫，猛烈地抗拒。绵羊和乳牛讨厌它的号叫，便说："他常常捉我们，我们并不大呼小叫。"

小猪听了回答道:“捉你们和捉我完全是两回事,他捉你们,只是要你们的毛和乳汁,但是捉住我,却是要我的命呢!”

人们总是习惯于从自己的角度思考问题,很难站在别人的角度和立场看待问题,当别人和自己意见相左、志趣不合时,常常难以容忍,恶言相向。

生活中,诸多纠葛和摩擦都是缘起于此。所以,和谐的生活需要我们多作换位思考。

人们常说人生如棋。会下棋的人,可能都有这样的经验,刚学下棋时,往往仅考虑自己第一步怎样、第二步怎样,而不会考虑别人会怎样。只有棋下到一定水平后,才会考虑我怎样,对方会怎样应对,对于对方的应对,我应当如何一一应对。如此考虑的回合数越多,个人的水平也会越高。生活也是如此,学会宽容,能够站在对方的位置思考,能够设身处地地多为对方设想,生活中的许多矛盾就容易化解了。站在孩子的角度上考虑,就会理解孩子的可爱可亲;站在父母的角度上考虑,就会理解父母的良苦用心;站在老师的角度上思考,就会理解教师的艰辛。我们不能要求所有的人都和我们有一样的性格、一样的想法。环境不同、立场不同,感受也会不同。学会换位思考,

人们常说人生如棋,考虑的回合数越多,个人的水平也会越高。

用一颗宽容的心去生活，人生的路也会越走越宽。

俗话说，“心宽体胖”。这里所说的“胖”并非指肥胖，而是指身体强壮。事实证明，心宽者不仅体壮，而且心理亦健康，即心健。相反，那些心胸狭隘的人，往往经不起挫折和失败，比起心宽的人，他们更容易患病。“中医”说忧伤肺、怒伤肝、思伤脾、恐伤肾、“喜”伤心是不无根据的。所以宽恕别人，也是善待自己。

有一个盲人住在一栋楼里，每天晚上他都会到楼下花园去散步。奇怪的是，不论是上楼还是下楼，他虽然只能顺着墙摸索，却一定要按亮楼道里的灯。

一天，一个邻居忍不住，好奇地问道：“你的眼睛看不见，为何还要开灯呢？”

盲人回答道：“开灯能给别人上下楼带来方便，也会给我带来方便。”

邻居疑惑地问道：“开灯能给你带来什么方便呢？”

盲人答道：“开灯后，上下楼的人都会看见东西，就不会把我撞倒了，这不就给我方便了吗。”

学会换位思考，你会发现另一片温暖的天空，学会宽容，灯火会永远温暖我们的心胸。

四、懂得感恩，学会分享

当代青少年绝大多数都是独生子女，长期受到父母的溺爱，以自我为中心、不知感恩的现象普遍存在。缺乏感恩之心，必然会导致人际关系的冷漠甚至出现以德报怨甚至弑亲事件。因此，推进生命教育、提高生活品质、促进社会和谐，必须进行感恩教育。只有知恩、感恩，才会报恩、施恩，才能学会奉献和分享。在当今的生活中，“分享”已经越来越成为我们生活中不可缺少的品质。分享,是团队工作的需要,是现代人际交往的基础,也是生活品质得以提升的表现,它使快乐增多,使悲伤减少,使幸福加倍。

(一)没有一种给予是理所当然的

生命从诞生之时起,就蒙受着太多的恩惠。生命的存在需要极其苛刻的条件,千百个巧合才换来生命的萌动。没有阳光,就没有温暖;没有水源,就没有生命;没有空气,我们就不能自由地呼吸;没有父母的爱,我们就不能来到这个世界;没有他人的爱,世界将是一片孤独和黑暗……在人生的道路上,所遇之事、所遇之人给予的点点滴滴的帮助与关心,都值得我们用心去铭记。这个世界上,一切的一切,包括一草一木都对我们有恩情!但在这个世界上没有一种给予是理所当然的。

有这样一则故事:

有一个菲律宾老华侨,在海外奋斗半生。几经浮沉,衣锦还乡的他萌生了济世助人、造福梓里的念头。于是,老人分别给家乡几所学校的校长写了信,希望每个校长能提供十来个学生的名单,以便他从中确定人选,作为资助的对象。家人嗔怪他的愚昧,既是捐赠,何必把程序搞得这样复杂?不如来个快捷方式,譬如通过"希望工程"或者"春蕾计划",干净利落地了却一桩心愿,岂不是更好?老人摇摇头说:"我的血汗钱只给那些配得到它的孩子。"哪些孩子才有资格得到资助?是那些家庭贫困的孩子还是优秀生,抑或是特长生?谁也不知道老人心里的答案。

名单很快就到了老人手里,老人让家人买来了许多书,有《泰戈尔诗集》《纪伯伦诗集》《十万个为什么》等,分门别类地包装好,准备寄给名单上的孩子。家人面面相觑:这样微薄的礼物是不是太寒碜了?大家断定书中自有“黄金屋”。可翻来覆去也没有找到夹在书中的纸钞。只在书的第一页看到了老人的亲笔赠言:赠给品学兼优的学生×××。落款是老人的住址、姓名、电话和电子邮箱。家人大惑不解,却也不愿忤逆老人的意愿,只好替他一一寄出那些书。

鸦有反哺之义,羊有跪乳之恩。“滴水之恩,涌泉相报”是中华民族的传统美德,也是一个人基本的道德准则。

光阴荏苒,老人常常对着电话发呆,又莫名其妙地唉声叹气。从黄叶凋谢到瑞雪飘飞,谁也猜不透老人所为何事。后来,家人终于读懂了老人的心,这源于新年前老人收到的一张很普通的贺年片,上面写着:感谢您给我寄来的书,虽然我不认识您,但我会记着您。祝您新年快乐!没有想到老人竟然兴奋得大呼小叫:“有回音了,有回音了,终于找到一个可以资助的孩子了。”

家人恍然大悟,终于明白老人这些日子郁郁寡欢的原因,他寄出去的书原来是块“试金石”,只有心存感激的人才会有资格得到他的资助。老人说:“土地失去水分滋润会变成沙漠,人心没有感激滋养会变得荒芜。不知感激的人,注定是个冷漠的自私的人;不知关爱别人,纵使给他阳光,日后也不会放射出自身的温暖，也不配得到别人的爱。”

的确，一个有良知的人，应该懂得知恩、感恩。鸦有反哺之义，羊有跪乳之恩，更何况人？“滴水之恩，涌泉相报”是中华民族的传统美德，也是一个人基本的道德准则。如果人与人之间缺乏感恩之心，必然会导致人际关系的冷漠，不懂得知恩图报、自私冷漠的人，失去了爱的感情基础，也不配得到别人的爱。所以，每个人都应该学会感恩。

(二)心存感恩，与爱同行

感恩是对自然、他人和社会的恩惠心存感激。感恩不仅仅是为了报恩，有些恩泽是我们无法回报的，有些恩情更不是等量回报就能一笔还清的，唯有用纯真的心灵去感动、去铭刻、去永记，并将感恩化作一种充满爱意的行动，在我们力所能及的范围内爱心融融地伸出援助之手，乐于奉献和付出，才是感恩的真义。

有这样一个故事：两个人想上天堂，不知道路怎么走，便问上帝。上帝见两人饥饿难忍，就先给他们每人一份食物。一人接过后很感激而连声地道谢，另一人却无动于衷，仿佛该给他似的。两人食毕，上帝只让道谢的那人上了天堂，无动于衷之人不服：“我不就是忘了说声谢谢嘛，差别也不能这样大呀！”上帝说：“不要忘了，不知道感恩的人是不会说出谢谢的。没办法，因为上天堂的路是用感恩的心铺成的，天堂的门是用感恩的心才能打开的。”

感恩之心，是我们生活中不可或缺的阳光雨露。时时用感恩的心来看这个世界，才会觉得这个世界很可爱、很富有。学会感恩，我们才会在寒冬里感受到暖意，在风雨中体会到幸福，人间便是天堂。我们只有怀着一颗感恩的心，才能发现生活的美好、世界的美丽，才能快乐地生活在真情的阳光里。

（三）学会分享，让幸福加倍

列夫·托尔斯泰说："神奇的爱，使数学法则失去了平衡，两个人分担一个痛苦，只有一个痛苦；而两个人共享一个幸福，却有两个幸福。"懂得分享，能够让幸福加倍，让痛苦减半。

人物链接：列夫·托尔斯泰

列夫·尼古拉耶维奇·托尔斯泰（1828—1910），俄国作家、思想家，19 世纪末 20 世纪初最伟大的文学家，俄国伟大的批判现实主义作家，是世界文学史上最杰出的作家之一，他被称颂为具有"最清醒的现实主义"的"天才艺术家"。主要作品有长篇小说《战争与和平》《安娜·卡列尼娜》《复活》，也创作了大量的童话。他的作品描写了俄国革命时人民的顽强抗争，因此被称为"俄国十月革命的镜子"。列宁曾称赞他创作了世界文学中"第一流"的作品。

"从上海到伦敦怎么去才好玩？"这是某旅行社互动活动的有奖问答题目，大奖是上海到伦敦的旅游套票。参与这个活动的竞逐者的热情都异常高涨，书信犹如雪片一般地飞来。竞逐者来自全国各地，其中不乏教授、大学生、上班族甚至家庭主妇等，答案是无所不包，创意是无奇不有。决选的结果出乎意料：由一个小学生中选。他的答案很简单："跟好朋友一起去最好玩。"

的确，诚如评审一致给予的评价：分享的快乐，远胜过独自的拥有，分享快乐便会有更多的快乐。有这样一个故事：

一位犹太教的长老，酷爱打高尔夫球。在一个安息日，他很想去挥杆，但犹太教规定，信徒在安息日必须休息，什么事都不能做。这位长老却终于忍不住，决定偷偷去高尔夫球场，想着打九个洞就好了。

由于安息日犹太教徒都不会出门，球场上一个人也没有，因此长老觉得不会有人知道他违反规定。然而，当长老在打第二洞时，却被天使发现了，天使生气地到上帝面前告状，说某某长老不守教义，居然在安息日出门打高尔夫球。上帝听了，就跟天使说，会好好惩罚这个长老。第三个洞开始，长老打出超完美的成绩，几乎都是一杆进洞。长老兴奋莫名，到打第七个洞时，天使又跑去找上帝："上帝呀，你不是要惩罚长老吗？为何还不见有惩罚？"上帝说："我已经在惩罚他了。"直到打完第九个洞，长老都是一杆进洞。因为打得太神乎其技了，于是长老决定再打九个洞。天使又去找上帝了："到底惩罚在哪里？"上帝只是笑而不答。打完十八洞，长老的成绩比任何一位世界级的高尔夫球手都优秀，把长老乐坏了。天使很生气地问上帝："这就是你对长老的惩罚吗？"上帝说："正是，你想想，他有这么惊人的成绩以及兴奋的心情却不能跟任何人说，这不是最好的惩罚吗？"

这个故事告诉世人，没有人分享的人生，无论面对的是快乐还是痛苦，都是一种惩罚。只有学会分享，才会使生活更加温暖。

生活中，有些人总是斤斤计较，干什么事情总怕自己会吃亏，更怕让别人得了便宜，只会索取而不会付出。这样的人完全没有领悟到分享的真谛。分享就像一座天平，你给予他人多少，他人便回报你多少。一个不懂得分享的人是孤独的，不可能有真正的快乐。

现在的孩子，大多数都是独生子女，是家庭的中心。他们从小独自拥有食物、玩具、空间，还有父母亲人的爱，没有和兄弟姐妹分享的机会，这便为孩子“独占”、“独享”行为的滋生提供了温床。所以，学会分享，对于现在的孩子来说尤其重要。让分享成为孩子的一种行为习惯，分享感受，无论是快乐或者悲伤；分享物品，无论是喜欢的还是不喜欢的。这将是我们给孩子赢得幸福人生的最好礼物。

五、直面生活，学会坚强

（一）学会独立，告别“啃老”

在传统的中国父母眼里，孩子无论多大都是“孩子”，在教育子女的观点上，只把学习当成孩子生活中的重要任务，甚至是唯一任务，其余的事情几乎都可以由父母来完成，从而使孩子对父母百般依赖。然而，事实证明，缺乏独立生活能力的人，不可能有真正的幸福。

有一个谜语：“一直无业，二老啃光，三餐饱食，四肢无力，五官端正，六亲不认，七分任性，八方逍遥，九（久）坐不动，十分无用。”或许大家都已猜出它的谜底：“啃老族”。曾几何时，“啃老”已成为街谈巷议的热门话题。

“啃老族”是指那些到了就业年龄，有谋生能力，却赋闲在家，衣食住行全靠父母的年轻人。据中国老龄科研中心公布的调查数据显示，在我国有65%以上的家庭存在“老养小”现象，有30%左右的成年人被老年人养活，其中有不少是大学毕业生。

随着就业压力的增大以及独生子女逐渐成年，“啃老族”的队伍正逐渐扩大。啃老，使被啃者感到很无奈、很苦恼、很悲伤；使啃者不思进取，沉迷于享乐，走向可怕的境地。以下是一封在网上广为转载的信：

一个啃老族母亲的自白：孩子，请你搬走。

孩子，今天你又装作若无其事地暗示妈妈，说市中区的房价，又在飙升，如果再不行动，或许以后你和女友连一间栖身的小屋都没有。我淡淡地看你一眼，终于没有像你希望的那样，说出“妈妈给你们买”的话来。而你，也在这样尴尬的沉默里，即刻气嘟嘟地放下碗筷，摔门出去。我从窗户里看着你远去的背影，瘦削，懒散，有些玩世和任性，你还是赖在父母怀里，始终不肯独立。可是，亲爱的孩子，你已经25岁，一份稳定的工作，一个需要呵护的女友，两个日益老去的父母，难道这些，还不足以让你成熟，承担一个成人该担负的责任？

从很小的时候，你就习惯有事来找妈妈。5岁的时候，你要妈妈帮你整理扔得到处都是的玩具；10岁的时候，看见同学脚上气派的皮鞋，你就哭闹着让我也去买来；15岁的时候，你写情书给班里的女孩子，说，我妈妈认识很多的人，谁要是欺负你，尽管告诉我；20岁的时候，你读大学，每次打电话来都是抱怨，说食堂的饭菜如此糟糕，为什么不给你多寄些营养品？今年25岁的你，在一次与同学闲聊里，很骄傲地说，我爸妈早已给我备好了买房的钱，我即便是不怎么奋斗，也一样可以过得很好。每一次我都宽容地笑笑，就淡忘掉了。

我习惯了听你的吩咐，只以为对你的每一点好，你自会记得，且在将来我们老去，你已壮年的时候，可以得到你的细心照料。可是而今，你日日回家蹭饭，又时常将女友带回家来久住，让依然工作的我，还要为你们的一日三餐奔波劳累。这样的景况，终于让我连一丝的微笑，都无法挤出。我发现，这样苦掉自己，全力为你的方式，只是使你心底的自私和懒惰，愈是潜滋暗长，无边无沿。

我终于承认，25 年来对你无节制的宠爱，是一个多么大的错误。有一次开玩笑，我说妈妈或许活不到你娶妻生子呢，你一下子便急了，说，那怎么行，将来谁给我们洗衣做饭，谁给我们照料孩子？当时的我，有一种无法言说的忧伤。原来当我们老掉，依然还要为你继续操劳，直到生命的终点。我们不是养育了一只日渐丰满有力的雄鹰，而是养了一只寄居的虫子，它要将滋养了它的鲜嫩的骨头，一直啃到干枯腐朽，再无营养。

亲爱的孩子，我不得不残忍地告诉你，你的上半生，与我息息相关，而你以后的道路，我将不再过问。妈妈已经将兼职的工作辞掉，我不能为了你的幸福，而将自己退休后的悠闲时光，交给继续为你挣钱买房的苦痛中。也请你，从父母的身边搬走，用自己的薪水租房去住。孩子，妈妈抱歉，不该这样爱你。而你，也应对那些将父母啃到疲惫的往昔感到愧疚。且让我们，彼此原谅，彼此放手。

无论是孩子还是母亲，这封信大概都使我们有所触动。母乳是孩子最好的食物，但在孩子出生的第八个月，母乳的营养已跟不上孩子成长的需要。所以，虽然孩子歇斯底里的哭声令母亲心碎，但我们都会选择给孩子断奶。家和父母的庇护是孩子最眷恋的港湾，但为了孩子振翅拥抱幸福，我们必须给成年孩子的生活“断奶”。我们总是以为孩子离不开我们的帮助，有时候，我们首先要做的恐怕是给自己“断奶”，学会放手。我们必须改变“授之以鱼”

的教育方式，加强培养孩子们的独立生活能力，使孩子能够迅速适应社会生活。只有这样，才能为孩子的幸福生活夯实基础。

（二）痛并快乐着

任何了断都要经历阵痛，任何成长都要付出代价，要得到幸福就必须能够承受痛苦和挫折，这是对人的磨炼，也是一个人成长必经的过程。

有一个故事是这样说的：

草地上有一个蛹，被一个小孩发现并带回了家。过了几天，蛹上出现了一道小裂缝，里面的蝴蝶挣扎了好长时间，身子似乎被卡住了，一直出不来。天真的孩子看到蛹中的蝴蝶痛苦挣扎的样子十分不忍。于是，他便拿起剪刀把蛹壳剪开，帮助蝴蝶脱蛹出来。然而，由于这只蝴蝶没有经过破蛹前必须经过的痛苦挣扎，以致出壳后身躯臃肿，翅膀干瘪，根本飞不起来，不久就死了。自然，这只蝴蝶的欢乐也就随着它的死亡而永远地消失了。

破蛹的过程虽然痛苦，但不经历痛苦的洗礼，我们便不能获得新生。生活中，很少有离开痛苦的欢乐。所谓"凤凰涅槃，浴火重生"、"吃得苦中苦，方为人上人"，真正的幸福必然是孕育在痛苦中又最终超越了痛苦的一种充实的感受。

我们常常惧怕痛苦，躲避痛苦，殊不知，"痛并快乐着"正是生活的真谛。如果没有酷暑，我们就失去了在太阳底下吃冰激凌的乐趣；如果没有严寒，我们就失去了在冷风中吃烤番薯的渴望；如果没有痛苦，我们就失去了品尝快乐和幸福的味蕾。

(三)把挫折变成人生的加油站

邰丽华领舞的残疾人舞蹈《千手观音》让人们感动

有人说,没有经历过失败和挫折的人生不是完整的人生。生活中的失败挫折是不可避免的。适度的挫折,对人生具有一定的积极意义,它可以帮助你去掉惰性,使你奋进。一只雏鹰因为被扔下悬崖,它才学会了飞翔的本领,一只毛毛虫因为咬破裹缚在它身上的那层茧,它才化成美丽的蝴蝶。我们不要抱怨挫折,超越了它,我们就有了光辉绚丽的人生。

挫折使强者越强,勇者更勇,弱者更弱。只有正视失败,在遭受失败后仍不放弃,才能锻造出一种坚韧不拔的品格,才能拥抱幸福的生活。

2005 年中央电视台《春节联欢晚会》上,邰丽华领舞的残疾人舞蹈《千手观音》让人们感动。2009 年元宵晚会上,我们再次为独臂姑娘马丽喝彩。

直面人生，把挫折变成人生的加油站，成功往往就躲在生命拐角的后面,静静地等着那些执著的斗士去发现。

第五章
坦然面对生死

第五章　坦然面对生死

自由人最少想到死，所以他的智慧不是关于死的默念而是关于生的沉思。

——斯宾诺莎

一般而言，生命意识教育当然是以“生命”为核心的教育，是作为主体的“生命”(教师、家长或其他教育者)以“生命”的丰富性和发展性为教育内容，对每一个个体之“生命”(学生及全体社会公众)的教育。每个人的“生命”都有一个诞生、成长、衰老及死亡的过程，对“生命”之“生”与“死”的理解和阐释在生命意识教育健康开展及其实效性方面有着重大的基础性作用，应当认真学习与深刻理解，并运用于我们每一个人的人生实践之中。

一、人类生命的奥秘

在小学和中学的自然常识课(科学课)、生物课、化学课中,都从不同的方面谈到了生命的概念与现象,但谈的主要是自然状态下的生命,这对我们来说还远远不够,如果我们只停留在这一认知层面,最终可能会导致严重的后果。对人类生命的正确理解,应该从以下几方面着手:

(一)实体性生命

人类生命可分为二维来理解和掌握。其第一维,可称之为“实体性生命”,或称“自然性生理生命”。一般认为,生命是生物体、有机体存在的一种方式。《现代汉语词典》中指出:“生命:生物体所具有的活动能力,生命是蛋白质存在的一种形式。”而《辞海》中的解释则更为详细一些:“生命:由高分子的核酸蛋白体和其他物质组成的生物体所具有的特有现象。能利用外界的物质形成自己的身体繁殖后代,按照遗传的特点生长、发育、运动,在环境变化时常表现出适应环境的能力。”这两种对生命的解释是比较权威的。

已故哲学家高清海先生较早从哲学的观念区分了人类的生命与一般生命的本质,提出了“人有双重生命而非单一生命”的观点。他指出:“人除了有与动物相同的生命以外,还有着与动物不同的生命。我们应当从两重性的观点去理解人的‘本性’,也必须以同样的观点去理解人的‘生命’,即把人看作有双重生命的存在:他既有被给予的自然生命,又有着自我创生的自为生命。我们可以称前者为'种生命',称后者为'类生命'。种生命与类生命的分别,可以从我们平常所熟悉的个体生命与社会生命、物质生命与精神生命、自然生命与文化生命、自在生命与价值生命、本能生命与智慧生命等的区别中去理解,因为它们大体上是相当或相互对应的。"

可见,如果从哲学的角度来看生命,应该从实体性来定义自然性生理生命。也就是说,生命体是一类客观存在的物质性实体,它与其他物质性实体的不同之处在于:其是蛋白质存在的方式,可以吸收、消化、排泄外界的物质,适应外在的环境,并能够按一定的节奏和规律生长、发育、繁殖及最后死亡。

当然,这种理解是对所有的生物体生命的理解,具体到人来说,作为实体性的自然生命的人,表现为理性的生命存在,经历数百万年的进化,有了对自然界变化的适应性,可以有选择地取自然物以为已用。

进一步说,人之关系性生命的内涵由相互联系的三个方面组成:

1.血缘亲缘性生命。任何一个人都不是凭空诞生的,一定是由父精母血孕育而成,人由此传承了父母的血脉,同时,也要繁衍子孙后代。这就使人之生命与前辈建构了关系,也与后辈密不可分。人在获得生理性血缘生命的同时,也就传承了亲缘性,而父母遗传的"亲缘"不是纯生理与自然的,而是由千百年来人类文化与文明凝聚而成的。换句话说,血缘亲缘性生命已是"属人"的生物学生命层面,其来自于父母,传之于子女,具有血缘的、历史的和纵向的联系性;也是一个人最先最直接的社会联系的体现,其纵向地、历史地把一个人与他人联系在一起,是一种"人自身的生命生产",是人的自然属性被社会化的第一体现。所以,人类在实体生命的层面也与动物的生命截然不同,因为其血缘中已经包含亲缘性在内。人类这种血脉相承的血缘关系铸就了人之生命在生物复制与社会复制两个方面的延续性。所以,具体的个人即使死去,子孙后代也延续了他的生命,从这个意义上说,人之血缘性亲缘生命以基因的方式得以“不朽”。

2.人际性社会生命。人都生活在社会之中,必须与社会中其他的人和组织结成复杂的关系,其生命必然打上社会的烙印,离开了与社会和他人的关系,单独的个体之人是无法生存下去的。而且,这种人与他人、社会组织的关系可以延续到其生理生命终结之后。

也就是说,一个人虽然离开了世界,但如果有很多活着的人想着他、提到他,则其人际性社会生命还存在着。

用诗人臧克家的话来说就是:“有的人活着,他已经死了;有的人死了,他还活着。”为何有的人“活着”却已“死了”呢?因为“他”在社会中“做人”做得不好,与他人与社会不能和谐相处,逐渐断绝了人际社会关系,其人际性社会生命逐渐消失,所以“活着”无异于“死了”;那么,为何有的人“死”了又还“活着”呢?因为其建构了紧密的人际与社会关系,其实体性生命虽然已结束,而活着的许多人还记得他、念着他、想着他,如此,其人际社会的生命就还存在,是谓其“死了”也还“活着”。就像雷锋那样,尽管雷锋已经离我们半个多世纪了,但是雷锋那种“将有限的生命投入到无限的为人民服务中去”的精神却永远活在人们的心中,存在于诸多助人为乐、乐于奉献的人群中。

3.超越性精神生命。人类与动物最大的区别也许就在于人有超越性精神生命,包括人的精神、意识、思维、心理,等等。人之精神生命最大的特征即在其“超越性”,人在思想中既可上溯无穷之前,亦可思维亿兆年之后;既能思考实体性物质，也可以创造出自然所没有的无穷无尽的精神世界。所以，人们如果在生前能够创造出丰富的精神产品，在其逝后仍然让无数人受益，造福社会，推动历史的发展，那么，其生命就以精神创造出的永恒价值体的方式永远延续着。

可见，关系性生命的三重性（一维）与实体性生命（另一维）构成了人类生命的四重性，是谓人类生命的"二维四重性"。

一般而言，人类实体性生命（生理生命）与关系性生命（人文生命）是相互融为一体、密不可分的：前者是后者产生的基础，后者是前者在家庭与社会中的孕育与发展；无实体性生命（生理生命），焉有所谓关系性生命（人文生命）？但若无关系性生命（人文生命），则人之生命也不成其为"人的生命"。但是，在现代人的现实人生的展开过程之中，尤其是青少年的生命历程中，由于种种原因，人们往往意识不到人类生命的二维四重性，常常只是执个人的实体生命、生理生命之一端，忘记了自我生命的立体性和丰富的内涵，于是便产生了许许多多生活中的茫然、生命里的困顿和人生的无奈，以致陷入网瘾、斗殴、吸毒、自残、自杀、凶杀等对生命极不负责、极不尊重的行为之中，断绝了自我宝贵的生命，从而丧失了一切。这就需要我们通过生命意识教育的途径来深刻认识、体会人类生命的二维四重性原理，并用于解决我们每一个人生活、生命与人生中所遇到的问题。

二、人类“生”与“死”解读

（一）对“生”的认识

《易传·系辞下》说：“天地氤氲，万物化醇；男女构精，万物化生。”也就是说，世间万物是由阴阳之气相构而生，人是由男精女血相合而生，从而产生了生命。生命的产生是天地最大的贡献。《易传·系辞下》又说：“天地之大德曰生。”而后来的荀子在其著作《荀子·礼论》中更直白地说：“生，人之始也。”自此之后，人们给予了“生”、“生命”诸多的解释，都认为人是万物之灵，人的生命是世间最珍贵的，是最值得珍惜的、爱护的。于是我们每个人要认识生命，珍惜生命，爱护生命，且这种生命观应是正确的，充满智慧的，只有这样才能汲取生命的智慧。

1.明确生命的唯一性。人的生物性生命只有一次，从这一角度看，人的生命是唯一的，即使贵为帝王也不例外，任何人没有第二次生命。人的生命是一个时间的流程，就像水一样不能倒流，如果把人的生命比做一条线段，“生”则是这个线段的起点，“死”则是该线段的终点。在这条线段中，没有重复的一点，也没有倒退的一点。古时中国有那么多人，乃至帝王企求长生不死，寻求长生不死之药，但都是徒劳的，都是荒唐可笑的，因为生命是唯一的，是有终点的。生命是独特的，世间没有两个相同或相近的生命，他的生命就是他的，你的生命就是你的，不能替代也不能更换。

2.珍爱生命。生命是唯一的，失去了不可能再有，因而必须珍爱。作为一个生命体，首先要爱护自己的生物性生命，不要养成有损自己身体的嗜好，如酗酒、赌博、吸毒等。尽可能地让自己的生物性生命活得长一些，健康一些。

（二）对“死”的解读

有“生”必有“死”，荀子在其著作《荀子·礼论》中说：“死，人之终也”，也是如此之义。而汉代的扬雄在《法言·君子》里说：“有生者必有死，有始者必有终，自然之道也。”又说：“死生，天地之常理，畏者不可以苟免，贪者不可以苟得也。”也就是说，人之生与死是自然规律，是不可逆转的。古人关于生与死的论述有很多很多，诸如：“生亦我所欲也”、“死亦我所恶也”（《孟子·告子章句上》）；“人之所欲，生甚矣；人之所恶，死甚矣”（《荀子·正名》）；“死生亦大矣”（《庄子·德充符》）。这些论述充满着生命的智慧。一个人从生到死就是一个时间过程，但这一过程是短暂的，长不过百年，短则只有几十年、十几年。在我国夏朝时人均寿命只有 18 岁，秦朝人均寿命也只有 20 岁，新中国成立前我国人均寿命 35 岁，当前人均寿命已达 72 岁。人的寿命对于人类发展而言只是一瞬间，对于茫茫宇宙来说，这一时段简直可以忽略不计。

死亡是人们所忌讳的，但又是每一个人所必须面对的。南京市少工委对 1068 名小学生进行了一次调查，针对死亡现象，调查显示，选择“人死了，生命就结束了，不会再活过来”的学生占 60.30%，近三成（27.62%）的小学生认为死亡是“在这个世界消失，去了另一个世界”，有 10.67%的小学生视死亡为“睡觉、做梦”，甚至有人认为“死而复生”（10.87%），可见孩子对死亡的认知与生命意识的教育是有很大关系的，要提升孩子有关死亡的认知与生命的智慧，首先得从生命意识教育做起。

死是不以人的意志为转移的，是一种客观的必然，死亡的时间有早有晚，死亡原因不一，有来自自然界不可抗拒的，如：地震、火灾、水灾、旱灾、暴风雨、房屋倒塌、宇宙之突变，等等；也有人为因素的，如：自杀、凶杀、车祸、食物中毒、药物中毒，等等；当然还有来自人自身机体的疾病，如癌症，等等。

古往今来，人们都在感叹人生苦短，正如三国时曹操的《短歌行》诗所云："人生几何，譬如朝露。"又如曹操的《龟虽寿》云："神龟虽寿，犹有竞时。腾蛇乘雾，终为土灰。"由死观生，人生短暂，我们应如何面对？如何从死亡中汲取智慧？每一个人都应认真思考。

郑晓江先生在《寻找人生的真谛》一书中对此问题有深刻地剖析，他说："死亡的存在以及我们对死亡的沉思可以使我们意识到生命的有限性，从而更加珍惜生命中的分分秒秒，让生命中的每一段都充满内容，都留下不可磨灭的印记。可见'死'的存在更凸显出'生'的意义与价值。"又说："死亡的存在使我们能时刻意识到生命的脆弱……这就时刻提醒我们要保护自己脆弱的生命，不要使之受到损伤，更不要沦入非正常的死亡。我们不仅要细心地保护自我的生命，还要通过锻炼和养生努力地活够大自然赋予我们的自然寿命，而且在任何情况下都不要采取自杀的过激行为。"

正确追求高质量的生命。人活在世上要活得快乐、幸福，即追求高质量的生命状态。但不能为了自己的快乐和幸福，使他人不快乐、不幸福，要将作为个体的人和作为社会的人之行为统一起来。追求生命的高质量，不是追求个人某方面的突破，不是追求个人局部的成功，而是追求生命的整体丰盈；不是只追求单个自我的唯一幸福，而是将这份幸福和成功同时体现在对社会的价值上来。生命是灵魂与肉体的融合，是有限和无限的统一。人不仅要活着，而且要活得有意义、有价值，活得精彩。我们每一天都在支出自己的生命，如果我们热爱生活，就应该使自己的每一天都充实而有意义，尽可能多地创造生命的价值，让生命焕发出光彩。

要做到这一点就要树立正确的人生观与价值观。马克思、孙中山、毛泽东等许多伟人，他们奉献了毕生精力甚至生命，换来了国家、民族、整个人类历史的进步，这就是他们生命的价值。但实际生活中绝大多数人都是平凡的人，不可能有惊天动地的举动与功业，但可以尽能力做一个高尚的人、一个有道德修养的人、一个脱离了低级趣味的人、一个有生命涵养的人、一个以自己辛勤劳动创造生命价值的人。

一个平凡的工人，一个普通的农民，他们日复一日地在自己岗位上辛勤地工作着，为社会创造财富，这就是他们的生命价值。还有些人战胜自己身体的缺陷，执著地生活与追求着，奉献着，这就是他们的生命价值。张海迪5岁时因病身体高位截瘫，但她以乐观的态度和顽强的精神与病魔顽强抗争，自学了小学、中学、大学的课程，奋发成才，她用学到的知识为农村的孩子教书，为乡亲们治病。1983年以后，张海迪走上了文学创作的道路，把成长的感悟化为优秀的文学作品，长篇小说《轮椅上的梦》和《绝顶》荣获全国“五个一工程”奖和向十六大献礼重点图书等奖项，她还先后获得“全国劳动模范”、“全国三八红旗手”等称号，2001年被新华社《环球》杂志评为“环球二十位最具影响力的世纪女性”，她的精神激励了一代又一代人。后来，她又走上残联主席岗位，为更多的残疾人工作，这就是张海迪的生命价值。

三、二维四重生命与生命困顿

人类生命的二维四重性原理可以解释许多重大的人生问题，并能够引申出解决我们生命困顿问题的许多方法与途径。

(一)为什么有人会自杀

自杀现象在现代社会已经演变成一个越来越严重的问题。一个人采取主动方式结束自我的生命,是需要相当大的决心与毅力的。因为一般而言,死亡带给人类的是最大的恐惧与痛苦。主动选择死亡者，已对其不觉恐惧与痛苦了,甚至迫切地投入其怀抱,觉得是一种最大的解脱,这其中的复杂原因与心理、精神的变化是很难被活着的人所觉察与体会的。所以,尽管已有越来越多的社会性的心理干预机构设立,也有越来越多的心理咨询师、心理医师夜以继日地工作,仍然难以扼制现代社会自杀率上升的势头。可见,仅仅是心理学、精神医学的咨询及治疗是远远不够的,应该深入现代人的人性、生活观、生命观与人生观去考察选择自杀的深层次原因,并使其获得解救之方。

近代以来,尤其是现代社会,人类对自身生命的认识与教育存在着一种化约性的思维,首先把人的生命化约为一般生物性生命,再化约为碳水化合物,最后化约为基因,并证明人们的体魄、性格、疾病、能力等,早在生命孕育期间继承父母基因的同时就已经潜在地决定了,人从生理、心理到精神的发展都可以在先天的基因内找到源头。这样一种科学主义的生命观让人们,尤其是青少年养成了化约性的生命观,即从物质(有机物)、生理、身体,也就是从实体生命的角度来认识人类生命的整体；而且，现代化的生活方式又无限地放大着人们的感觉、欲望的重要性，逐步养成了许多人从生活感觉方面认识自我的生命。于是，“跟着感觉走”、“只要我高兴，有什么不可以”的人生观便大为流行起来。由此，许多青少年自杀毫不迟疑，杀别人也毫不犹豫。因为这不过就是放弃了一堆“碳水化合物”而已，不过是减少了一些“基因”罢了。

自杀者把“生活中不可承受之重”转变为“生命中不可承受之重”，内在的逻辑是：实体生命产生的感觉不好，于是，整体生命也没有了存在下去的必要。他们没有意识到，人的实体生命产生的生理需要、感觉需要之上还有“关系性生命”的存在。在这个层面，人们所获得的血缘亲缘性生命、人际性社会生命和超越性精神生命是无价的，每一个人都由这“关系性生命”与亲人、他人形成了一个“生命之场”，一个人有权利改变自我的日常生活，但却没有放弃生命的权利。恰恰是在这一点上，许多青少年的认识出现了大问题。

一般文化层次较高的自杀者都持有一个似乎十分合理的理论根据，那就是：生命是我的，所以，选择自杀是我个人的权利，别人不应该干涉。

而人的这种自主的权利意识当然不会仅仅局限在经济的领域，更体现在政治与社会的各个方面，自然也会蔓延到人们对生命的理解之中，也就是说，人们自然会在生命存有的方面也执著于“自我权利”观。在一位寻求自杀的人看来，自己完全有权利选择放弃生命；在人们为困境所逼迫或钻入思维认识的“死胡同”而无法自拔与解脱时，他们看来，人虽然是社会的，但生命还是自我的，生命应该重于社会，所以，“我们应该有决定死亡的权利”。可以说，成千上万名青少年在突遭重大的人生挫折与困境后，秉持“我有选择死亡的权利”的观念走上了自杀之路，造成了白发人送黑发人的人间惨剧。

因此，我们应该通过上述的生命二维性原理明白一个道理：我们每一个人都有生命，生命虽然是“我”的，却也不完全是“我”的。放弃自我的生命并不是个人的权利，一个人没有任何理由可以采取自杀手段结束自我的生命。

首先，我们从生命的第一维实体性生命来看。任何一个人的实体性生命（生理生命）都是源于父精母血，如何能认为自我有放弃实体性生命的权利呢？《孝经》中说：“子曰：‘夫孝德之本也，教之所由生也，复坐，吾语汝：身体发肤，受之父母，不可毁伤，孝之始也。”

《礼记》中也讲道，子夏老年丧子，伤心得哭瞎了眼睛。为此，曾子严厉地责备子夏：“丧尔子丧尔明，尔罪三也。”这是说子夏毁伤了自己的眼睛就是对不起父母，犯了不孝的大罪，虽然是因为哀痛自己儿子的死亡也不行。

《礼记》中还说：乐正子春下台阶的时候不小心扭伤了脚，便几个月不出门，总是一副忧愁的神情。他的学生问道：“先生您的脚伤已经好了，还忧愁什么呢？”乐正子春回答说：“善如尔之问也，善如尔之问也！吾闻诸曾子，曾子闻诸夫子曰：‘天之所生，地之所养，无人为大。父母全而生之，子全而归之，可谓孝矣；不亏其体，不辱其身，可谓全矣。’”

这两个故事从尽孝道的角度讲述了个人实体生命的可贵，说明了一个深层的道理：人的实体生命（生理生命）也不完全是自我的，而是与父母家人联系在一起密不可分的；身体发肤的受损都会引发父母的担心，何况自杀将导致整个自我实体生命的丧失。这更是对父母之大不孝。

其次，从人之生命的第二维关系性生命来看。人的生命本就是一种关系性的存在,人既从血缘亲缘性生命方面与亲人保持着密不可分的关系,也从人际社会生命方面与他人和社会有着千丝万缕的关系，更在超越性精神生命方面与整个人类之文明与文化不可分割。如此,个人便没有放弃自己生命的权利,也就是说,没有自杀的权利。

所以,我们必须认识到人类生命与动物生命完全不同,其有二维性。每一个人都要从实体生命的层面上意识到，人的生理生命表现为血缘性亲缘生命,在此基础上,又产生了人际性社会生命,并在自我成长中逐渐地孕育出人之超越性的精神生命。而这些关系性生命与实体性生命一道,让人们在生命的层面与他人和社会构建了复杂的关系。于是,“生命”既是“本我”的,又是“超我”的;“生命”是个人的,又是亲人与社会的,是不能自我“了断”的。自杀者走向毁灭生命之路，原因之一就在于其对人的生命的独特性和丰富性认识不够,如加强生命意识的教育,应该可以在一定程度上抑制自杀率升高的趋势。

(二)人生的意义与价值在哪里

人之所以为人,最重要的本质之一便是:人是一种知道价值、了解价值的大小并追求价值最大化的动物。因为价值与意义赋予了人生活的动力、生存的目标,一个人只要有希望,他的人生就会正常地延续;而当一个人完全没有了人生的目的与追求,其生命无论存在与否,其生活可以说都已经停止了,人生也就有中断的危险。其实许多自杀者往往就是在遭受重大的人生挫折之后,因人生的意义与价值感幻灭而走向了自我毁灭之路的。更多的人则是在寻觅不到人生意义与价值的情况下,万念俱灰,郁闷、无聊、得过且过、

“跟着感觉走”、无可无不可等，生存与生活的品质非常低。还有一类人只是浑浑噩噩地过日子，无所谓人生的意义与价值。更有一种人是因为每每思及死亡的存在及不可避免性而导致了人生的幻灭感，并引发人生意义与价值的危机。有一位学生这样说：“有我之前，亿万斯年，未曾有我；无我之后，亿万斯年，不再有我。一想到此，便感到人生真的没有什么意思。”这段话说的是：既然一切从无中来，又都将归入尘土，这短暂得可以忽略不计的人的一生，难道还会有、还能有什么意义与价值吗？这是一种因为死亡必至而导致的虚无感，在此基础上产生了人生无意义的悲观认识。

要彻底解决上述四种不同类型的人生无意义与无价值感，当然是非常困难与复杂的，实际上也是不可能完全做到的。但如果我们能够理解并运用生命二维性原理，则能在一定程度上遏制这种虚无感。

比如，一些人对生命的理解狭隘化，或仅仅视生命为实体性生理生命，于是沉溺在感官享乐之中，一旦满足不了，就认为整个生命无甚价值，人生自然也了无意义。消极感觉弥漫在自我的整个人生世界中。也有些人对人际社会生命特别关注，当其在家庭关系、人际关系（包括恋爱关系等）中受挫，或在社会上屡屡碰壁之后，顿觉生命无价值、人生无意义。还有些人对精神生命特别看重，把自我的精神产品（如文学、影视作品等）、地位、名誉看得比生命存在更重要，一旦在这些追求过程中受挫，或已取得又丧失了，也会觉得生命无价值、人生无意义。

生命二维四重性原理还告诉我们：人之生命不仅是物质性形态（实体生命），还是关系性形态（人文生命）。所以，人死亡后离开世界，实体性生命归于无，但并不等于一切都结束了，人的血缘亲缘性生命、人际性社会生命、超越性精神生命仍然会存在下去、体现出来。

事实上，人不可能不死，生命又是如此短暂，面对死亡，人们可能会走向悲观、走向消沉、走向纵情声色。但是，我们一方面要知晓：死是人类终极的不可逾越的存在本质，其存在正好彰显出人生奋斗的重要性，珍惜生命的必要性，善用此生的紧迫性。另一方面，如果我们真正理解了生命二维四重性的原理，就可以获得超越死亡的途径与方法，意识到超越死亡并非是“肉身不死”，而是人们从社会及人伦关系上以及精神创造中获得永恒，以实现逝而不朽的目的。

比如，人类子孙后代的延续就是血缘性亲缘生命的永恒；人们生前积德行善，逝后让许多人记得你、怀念你，那么，人际社会生命就得以永存；还有

放弃自我的生命并不是个人的权利，一个人没有任何理由可以采取自杀手段结束自我的生命。

许多人生前创造了一些永恒性的精神产品，如音乐、绘画、文学作品的创作，如自然科学、社会科学和人文科学等的发明创造，如道德人格榜样的树立，如丰功伟绩的创建，等等。那么，虽然其实体性生命已完结(死亡)，可因其“立德、立功、立言”了，则其精神生命就永存于世了。也就是说，人们在实体性生命(生理生命)终止之后，其关系性生命仍然存在，生命是一种立体性的发展。如果认为人之生命仅以物质性形态存在，就会产生因某一种生命状态不如己意便否认整个人生的意义与价值的错误看法，严重者会导致自杀现象的产生。其实，生命是丰富的多面体，某一方面的低潮并不足以说明整体有问题。在这种情况下，人们或许可以从生命的另一维度去发展，以获得其他方面的成功与幸福，或者以生命的综合性实力来弥补某一方面的不足。

总之，我们绝对不能以生命某一方面的问题遮蔽生命的全体，要善于发现、光大生命各个方面的潜力，使生命整体的存在阳光、健康、充满活力、展现精彩，并以此来消解生命无价值、人生无意义的认识。

可见，我们在接受生命意识教育的过程中，必须改变自我在生命观上的狭隘性与片面性，由只意识到实体性生命和生理感觉深入到去体验及重视自我的关系性生命，由此来建构正确的立体的生命观，并在此基础上去解决种种生命的困顿，特别是摒弃对生命的不尊重与不珍惜的态度。同时，我们也要从人的生命的二维四重性原理中去寻找到人生的意义和价值，那就是：好好地活，努力地活，尽自己拥有的实体性生命(自然之生理生命)与关系性生命(血缘亲缘性生命、人际社会性生命和超越性精神生命)的两个幅度四个层面立体而深入展开地活。简单归结为一句话：在我们的一生中，要尊重生命、珍惜生命、开拓生命，获得成功、幸福与快乐，并在面对人生终点时，能够实现生命的永恒与不朽。正如奥斯托洛夫斯基所说的那样:“人生最宝贵的是生命,生命属于人只有一次。一个人的生命应当这样度过:当他回忆往事的时候,他不致因虚度年华而悔恨,也不致因碌碌无为而羞愧;在临死的时候,他能够说:‘我的整个生命和全部精力,都已献给世界上最壮丽的事业为人类的解放而斗争。’”

人的一生可能燃烧,也可能腐朽。我不能腐朽,我愿意燃烧起来。

参考文献

[1]吴仕民.东方中华[M].民族出版社,2007

[2]王钟健.中华民族大家庭知识读本 / 汉族[M].新疆美术摄影出版社 / 新疆电子音像出版社,2010

[3]中华人民共和国年鉴社.中国国情读本 /2010 版[M].新华出版社,2010

[4]瞿明安.中国民族的生活方式[M].中国社会科学出版社,1995

[5]杨永利.新时期爱国主义教育读本[M].人民日报出版社,2009

[6]王建润.建设中华民族共有精神家园[M].人民出版社,2008

[7]郑晓江、张名源. 生命教育公民读本[M]. 人民出版社,2010